# 局部减薄水电站压力钢管极限分析与安全评定方法研究

张 阳 牛景太 王嘉伟 ◎ 著

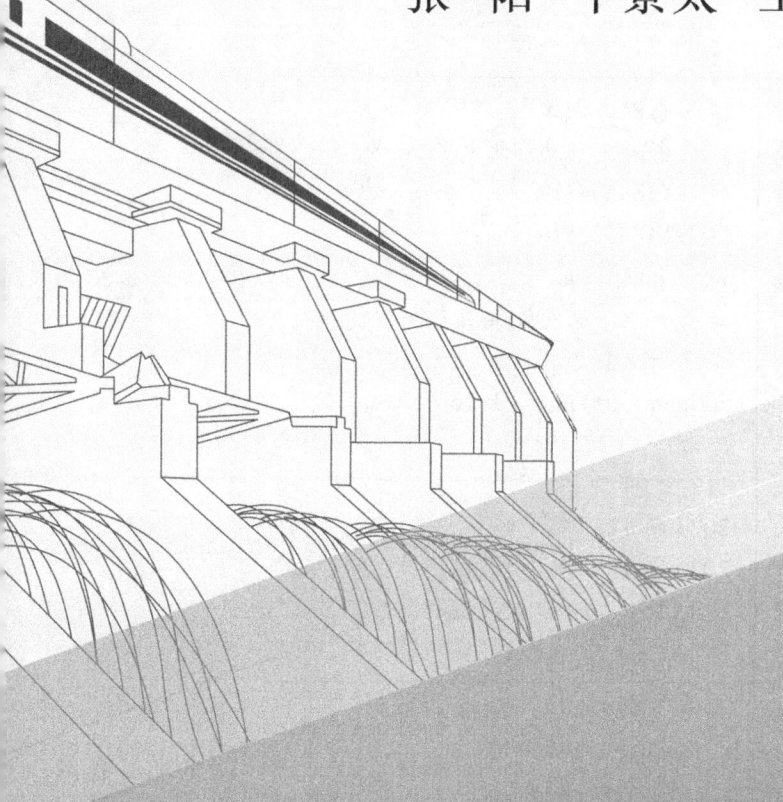

江西高校出版社
JIANGXI UNIVERSITIES AND COLLEGES PRESS

## 图书在版编目(CIP)数据

局部减薄水电站压力钢管极限分析与安全评定方法研究/张阳,牛景太,王嘉伟著. --南昌:江西高校出版社,2023.12

ISBN 978 - 7 - 5762 - 4343 - 7

Ⅰ.①局… Ⅱ.①张… ②牛… ③王… Ⅲ.①局部—减壁—水力发电站—压力钢管—极限分析—方法研究 ②局部—减壁—水力发电站—压力钢管—安全评价—方法研究 Ⅳ.①TV732

中国国家版本馆 CIP 数据核字(2023)第 227202 号

| 出版发行 | 江西高校出版社 |
|---|---|
| 社　　址 | 江西省南昌市洪都北大道96号 |
| 总编室电话 | (0791)88504319 |
| 销售电话 | (0791)88522516 |
| 网　　址 | www.juacp.com |
| 印　　刷 | 江西新华印刷发展集团有限公司 |
| 经　　销 | 全国新华书店 |
| 开　　本 | 700mm×1000mm 1/16 |
| 印　　张 | 5.75 |
| 字　　数 | 112千字 |
| 版　　次 | 2023年12月第1版<br>2023年12月第1次印刷 |
| 书　　号 | ISBN 978 - 7 - 5762 - 4343 - 7 |
| 定　　价 | 58.00元 |

赣版权登字 -07 -2023 -834
版权所有　侵权必究

图书若有印装问题,请随时向本社印制部(0791 -88513257)退换

# 前言

在高压水中的砂石冲刷下及外界物质的腐蚀下,水电站压力钢管管壁常发生局部减薄现象,出现承载力降低、局部膨胀以及出现疲劳裂纹等问题,严重影响着压力钢管的安全运行。目前,局部减薄水电站压力钢管安全评定主要参照化工、机械等含缺陷管道评定规范。然而,水电站压力钢管在几何参数、结构构造与荷载条件等方面和上述管道存在差异,因此要开展相适应的安全评定方法研究。为此,本书针对局部减薄水电站明钢管,开展了含局部缺陷管道结构的极限承载力和失效机理研究,提出了相应的安全评定方法,并在此基础上利用 Matlab 开发了相应的安全评定软件,主要内容有:

(1)为了对局部减薄水电站压力钢管进行安全评价,研究建立了考虑多因素影响的此类结构的极限承载力计算公式,筛选出可能影响压力钢管极限承载力的钢材强度参数、局部减薄几何参数及管道跨度,总结了以上影响因素对极限承载力的影响规律,建立了以钢材强度参数、局部减薄深度和局部减薄轴向长度为变量的极限承载力计算公式。

(2)开展了局部减薄水电站压力钢管失效机理研究,给出了此类管道失效模式判定和危险点预测方法。结合实验结果验证了失效分析方法的可靠性,选取局部减薄管道与相应无缺陷管道失效时的塑性区体积比为失效模式的量化指标,建立了管道失效模式与局部减薄几何参数的对应关系;然后根据局部减薄管道失效时的等效应力分布,揭示了局部减薄几何参数与危险点位置的对应关系。研究表明:管道跨度和局部减薄环向长度对减薄管道失效模式的影响可忽略;局部减薄厚度不大于0.5倍的壁厚时,管道失效模式仅由局部减薄厚度控制,否则管道失效模式由局部减薄厚度和局部减薄轴向长度共同控制;危险点主要出现在局部减薄轴向边界和局部减薄中心附近。

(3) 基于局部减薄水电站压力钢管极限承载力计算公式及失效模式判定方法,建立了适用于此类管道的安全评定方法。在考虑剩余强度参数对无缺陷管道极限承载力折减的基础上引入结构安全系数,构建了以剩余强度参数为变量的局部减薄压力钢管安全极限状态方程,并结合失效模式的两级判定公式建立了此类管道的安全评定流程,利用 Matlab 研发了相应的安全评定软件。

作者张阳和牛景太的工作单位为南昌工程学院,王嘉伟的工作单位为江西省城乡规划市政设计研究总院有限公司。本书由国家自然科学基金地区项目(51969018)资助出版,版权归南昌工程学院所有。第1章由牛景太、张阳执笔,第2、3章由张阳执笔,第4、5章由王嘉伟执笔。南昌工程学院的彭友文教授对本书进行了认真的审查。

本书如有错误和不妥之处,请读者予以指正。如有意见请发电子邮件至 nitzhangyang@163.com。

作　者

2023 年 12 月

# 目录 CONTENTS

**第一章　基本原理、方法与研究进展　/001**

    1.1　研究背景与意义　/001

    1.2　国内外研究现状　/003

    1.3　主要研究工作　/014

**第二章　局部减薄水电站压力钢管的极限分析方法研究　/018**

    2.1　结构极限承载力分析的弹塑性增量分析法　/018

    2.2　基于 EPIA 的局部减薄水电站压力钢管极限承载力分析方法　/020

    2.3　EPIA 分析方法的验证　/026

    2.4　本章小结　/033

**第三章　局部减薄水电站压力钢管极限承载力影响因素研究　/034**

    3.1　局部减薄水电站压力钢管计算模型　/034

    3.2　局部减薄压力钢管极限承载力的影响因素研究　/036

    3.3　局部减薄压力钢管极限承载力计算公式　/041

    3.4　本章小结　/044

## 第四章 局部减薄水电站压力钢管失效模式和危险点预测研究 /045

    4.1 局部减薄水电站压力钢管失效模式和危险点预测方法 /045

    4.2 失效模式和危险点预测方法验证 /047

    4.3 局部减薄水电站压力钢管失效模式的影响因素研究 /052

    4.4 局部减薄水电站压力钢管危险点预测 /056

    4.5 本章小结 /062

## 第五章 局部减薄水电站压力钢管的安全评定方法 /063

    5.1 局部减薄水电站压力钢管的安全评定方法 /063

    5.2 局部减薄水电站压力钢管安全评定软件 /068

    5.3 本章小结 /072

## 第六章 总结与展望 /074

    6.1 主要结论 /074

    6.2 研究展望 /075

**参考文献** /076

# 第一章 基本原理、方法与研究进展

## 1.1 研究背景与意义

随着现代化步伐的加快和人民对用电需求的不断提高,我国水电站建设不断发展壮大。水电站压力钢管是水电站中不可或缺的一部分:水轮机的运作离不开压力钢管的水量输送。由于工作环境恶劣,压力钢管表面不仅长时间受到水和沉积物的侵蚀和摩擦,还具有管径大、靠近厂房、受内水压影响严重等特点。管道一旦失效,将造成巨大的经济损失和严重的社会影响。

经调查研究发现,截止到 2014 年,我国 4 万多座水电站中有一半以上已于 2011 年完工[1],由于历史和技术等原因,我国水电站压力钢管"带病"运行成为常态;其中,由水、泥沙的侵蚀和冲刷引发的局部减薄现象是常见"病因"之一。这种由于腐蚀或机械磨损等引发的管壁厚度损伤,不仅会破坏管道结构的完整性,还会进一步降低管道的承载能力,导致管道失效、破坏。

回顾国内,距今已有 100 多年历史的石龙坝水电站因沿岸废水对压力钢管及发电机转轮等的严重腐蚀而被迫停产。周宏伟等[2]于 2016 年对四川某小型水电站的压力钢管外壁进行了检查,该压力管道从 1994 年电站开始发电起已经运行了 22 年。检查发现钢管明敷段锈蚀严重,管道表面锈坑成片,呈凹凸不平状。汤峪水电站于 1997 年建成投产,包涛等[3]在 2017 年经过现场观察和数据分析发现,仅仅 20 年时间钢管内壁就出现大面积生锈情况,平均锈蚀深度达到 2~3 毫米。据不完全统计,俄罗斯明格查乌尔水利枢纽压力钢管的平均减薄速度为 0.26 毫米/年,日本水电站压力钢管的平均腐蚀速度为 0.1 毫米/年,而我国水电站压力钢管的平均腐蚀速度约为 0.23 毫米/年[4]。随着时间的推移,我国有许多和石龙坝水电站一样历史悠久的水电站的压力钢管都出现了类似的腐蚀问题。

反观国外,Tushar Joshi 等[5]对美国大口径压力钢管进行了一系列的调研,并对其使用年限、破坏原因做了大量的调研分析,结果如图 1-1 所示。由图

1-1(a)可知,使用年限为50~70年的大口径压力钢管最多,使用年限为20~50年和小于20年的压力钢管次之,使用年限大于75年的最少。由图1-1(b)可知,引起压力钢管失效的因素包括腐蚀、地层位移、接头失效、第三方破坏以及不明因素。其中,腐蚀是引发压力钢管失效的最主要因素之一。Dawson S J 等[6]也对欧洲7000余千米的管道开展了安全检测,经检测发现在役管道有9000余处减薄,平均每千米有1.4处。

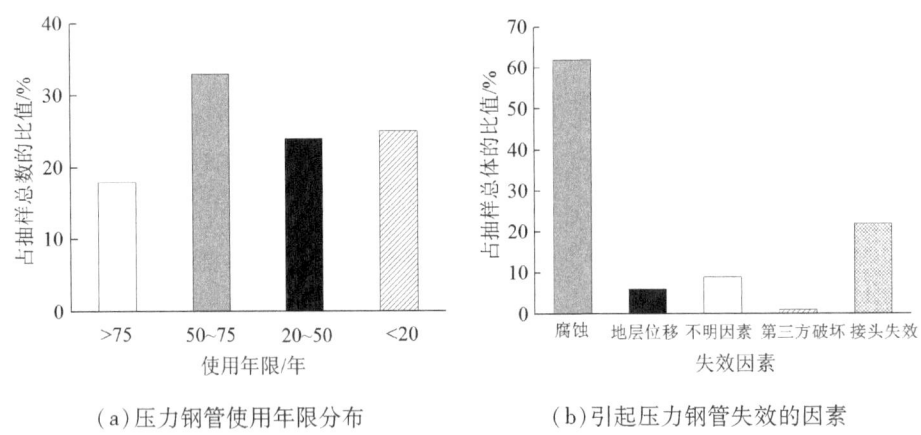

(a)压力钢管使用年限分布　　　　(b)引起压力钢管失效的因素

图1-1　美国大口径压力钢管的调研结果

局部减薄一般包括内局部减薄和外局部减薄两种类型,如图1-2所示。早在1986年,美国为处理该现象花费的金额就超过了700亿美元[7]。时过境迁,这些局部减薄问题正在给水电站压力钢管带来越来越严重的后果。

(a)内壁减薄　　　　　　　　　(b)外壁减薄

图1-2　局部减薄缺陷类型

由此可见,保证局部减薄水电站压力钢管的安全是亟待解决的工程问题,压力钢管失效机理研究和安全评定又是其中的关键问题。因此,研究局部减薄水电站压力钢管的失效机理和安全评定,不仅可以保证公民个人财产和生命安全,而且可以保持社会的长期稳定,同时减少管道的非必要更换,节省钢材和资金。

## 1.2 国内外研究现状

从 20 世纪中期开始,国内外就局部减薄管道研究开展了大量的工作,其中多种荷载共同作用下的局部减薄管道失效机理和安全评定是关键问题之一[8-15]。然而,目前各国的安全评定规范主要针对输油、输气管道以及海底管道,存在评定结果偏保守、适用范围有限等问题,由此造成的管道不必要更换和修理不符合我国可持续发展的要求和理念。因此,本文主要从局部减薄水电站压力钢管失效机理和安全评定两方面展开研究,对水电站压力管道的设计和评定具有重要的应用价值。

### 1.2.1 局部减薄压力钢管失效机理研究现状

水电站压力钢管失效是损伤逐渐累积的过程,当损伤突破结构所能承受的临界荷载时则认为该结构已经失效。为了研究局部减薄管道的失效机理,科学家们已分别从压力钢管的极限承载能力和失效模式两方面展开研究[16,17],并在此基础上对不同结构的管道的极限承载力计算结果和可能出现的失效模式进行了对比分析[18-20]。然而,现有研究很少提及压力钢管失效时的危险点位置,也并未给出失效模式、危险点与相应影响参数之间的对应关系[21]。

为了研究局部减薄管道失效的全过程,本书从管道的承载能力、特征点应力分布以及可能出现的失效模式三个方面展开研究,主要包括局部减薄压力钢管的极限承载力计算方法研究、失效模式判定及危险点位置预测。

#### 1.2.1.1 减薄管道极限承载力计算方法研究现状

现有计算方法和求解手段在完好管道的极限承载力基础上考虑到了缺陷对管道的折减效应[22,23]。在这些方法中,求解完好管道的极限承载力是开展研究的前提。

(1)无缺陷压力管道的极限承载力计算方法研究现状

目前的无缺陷压力钢管的极限承载力研究主要包括基于 Mises 屈服准则和

基于 Tresca 准则的极限承载力预测方法[24]。基于 Tresca 准则的极限承载力预测方法[25]没有考虑中间主应力对材料强度的影响,导致所得结果偏保守,极限承载力计算结果偏低,为无缺陷压力钢管极限承载力的下限;基于 Mises 屈服准则的极限承载力预测方法[26]会遇到非线性求解的问题,使某些结构的相关表达式趋于复杂且结果偏不安全,高估了结构的极限承载力,其计算结果可作为无缺陷管道承载力的上限值。除此之外,以上两种屈服准则没有考虑材料拉压性能的差异。如不锈钢和铝合金这些拉压强度不同的钢材,其承载力预测结果往往有偏差,无法满足目前的设计需求。

Mises 屈服准则是强度理论中的第二经典屈服准则,又被称为八面体剪应力准则。早在 20 世纪 50 年代,Svensson 等[26]就基于 Mises 屈服准则和塑性失稳理论提出了极限承载力计算的理论解。Cronin 和 Pick[27]采用 Ramberg-Osgood 材料模型,利用 Von Mises 屈服准则得到了无缺陷压力钢管极限承载力的理论解,发现其预测结果普遍高估了无缺陷管道失稳压力的实验数据,为实验数据的 1.16 倍。Updike 和 Kalnins[28]根据 Mises 屈服准则建立了轴对称薄壁压力容器最终塑性失稳极限载荷的一般数学模型,计算结果表明失稳时的极限承载力是实验测得的管道最大承载力的上限值。2009 年,陈严飞等[29]假定材料不可压缩,针对薄壁管道推导了完好管道的极限承载力解析公式。2013 年,孙彦彦等[30]基于 Mises 屈服准则,在建立完整管道有限元模型的基础上,分析了完好管道的临界屈曲应变取值。

Tresca 准则是最经典的屈服准则之一,又被称为最大剪应力准则。该准则没有考虑中间主应力对材料强度的影响,导致无缺陷管道的极限承载力预测结果偏保守。鉴于此,之后衍生出平均屈服准则、几何中线屈服准则、双剪应力屈服准则以及统一屈服准则等。Christopher 等[31]首先发现基于 Tresca 准则的管道爆破压力结果偏低,不能有效预测完整管道的极限承载力。Stewart 等[32]、Michael 等[25]采用不同屈服强度的高强钢材,基于最大剪应力准则对完整管道的极限承载力进行预估,发现预测结果偏小,而基于 Mises 准则的承载力计算结果又偏大。为解决上述两个经典屈服准则所带来的结果波动问题,ZHU 等[33]在平均屈服准则的基础上将 Tresca 函数和双剪应力函数相加并取函数平均值作为计算结果。李灿明等[34]基于平均屈服准则,分析了完整输油管道的极限承载力解析解。章顺虎等[35]基于MY准则推导出圆环塑性区域部分的应力场,并进一步推导了塑性极限承载力的解析解,进而分析了临界半径和内压之间的变化规律。Wang等[36]在四个不同屈服准则的基础上建立了统一屈服准则,且进一步得到了无缺陷管道的极限承载力结果。祝晓海等[37]在考虑三个主应力的基础上利用双剪屈服准则得到了无缺陷管道的极限承载力。

我国《在用含缺陷压力容器安全评定》(GB/T 19624—2004)[38]规定,完好管道的极限承载力计算方法如式(1-1)所示:

$$P_0 = \frac{2}{\sqrt{3}} \sigma_y \ln(R_0/R_i). \quad (1-1)$$

2009年,陈严飞等[29]以Mises屈服准则为基础推导了完好管道的极限承载力解析公式:

$$P_0 = \frac{4}{(\sqrt{3})^{n+1}} \frac{t}{R_0 - t} K \left(\frac{n}{e}\right)^n. \quad (1-2)$$

式中:

$$K = \sigma_u \left(\frac{e}{n}\right)^n. \quad (1-3)$$

$$n = 0.239 \left(\frac{\sigma_u}{\sigma_y} - 1\right)^{0.596}. \quad (1-4)$$

《含缺陷管道剩余强度手册》(AMSE B31G—2009)[39]规定,无缺陷管道的极限承载力计算方法:

$$P_0 = \sigma_u \frac{2t}{R_0}. \quad (1-5)$$

2016年,Ghani等[40]基于Tresca准则推导了无缺陷压力钢管的极限承载力计算公式:

$$P_0 = 4 \frac{t}{R_0} \left(\frac{1}{2}\right)^{n+1} \sigma_u e^n. \quad (1-6)$$

以上针对无缺陷管道的极限承载力研究为含缺陷管道的极限承载力研究打下了坚实的基础,即将剩余强度系数引入完好管道的极限承载力结果以考虑缺陷对管道承载力的影响。

(2)局部减薄压力钢管极限承载力研究现状

目前,局部减薄压力钢管的极限承载力计算方法研究主要针对输气、输油管道以及化工容器,包括基于 NG-18 失效准则和基于 NSC 准则的极限承载力计算方法。NSC 准则认为,当局部减薄管道断面发生全屈服即达到承载极限,在考虑局部减薄环向长度和减薄深度的基础上利用弹性内力平衡方法推导出极限承载力[41-44]。基于 NG-18 失效准则的极限承载力计算方法主要研究剩余强度系数对完整管道的折减效应,主要考虑减薄轴向长度和深度的影响[45-47]。现有的计算方法主要基于 NG-18 失效准则展开分析[48]。

20 世纪 50 年代,Fu 等[49]、Ahammed 等[50]、Batte 等[51]针对含缺陷管道的局部减薄参数进行了分析研究,总结了各参数对极限承载力的影响规律。其中,Fu 等预测了局部减薄管道的极限内压。

NG-18[38]计算公式提出于 20 世纪 60 年代,是最早应用于局部减薄压力钢管极限承载力的计算公式。该公式是 Battelle 研究所结合实验结果及断裂力学基本理论提出的,具有里程碑意义:

$$P_{\mathrm{L}} = \frac{\sigma_{\mathrm{flow}} 2t}{R_0} \left[ \frac{1 - A/F_0}{1 - A/F_0 \cdot 1/M_{\mathrm{f}}} \right], \quad (1-7)$$

$$M_{\mathrm{f}} = \sqrt{1 + \frac{2.51 A^2}{R_0 t} - \frac{0.54 A^4}{(R_0 t)^2}}. \quad (1-8)$$

为获得更好的精度,20 世纪 70 年代 Kiefne[52]在 NG-18 计算公式的基础上进行了修正,进一步将长缺陷和短缺陷进行区分,形成了不同适用范围的分段式极限承载力计算方法:

当 $A^2/Dt \leqslant 20$ 时,

$$P_{\mathrm{L}} = 1.1 \sigma_{\mathrm{y}} \left( \frac{2t}{R_0} \right) \left[ \left( 1 - \frac{2C}{3t} \right) \Big/ \left( 1 - \frac{2C}{3tM} \right)^{-1} \right]. \quad (1-9)$$

当 $A^2/Dt > 20$ 时,

$$P_{\mathrm{L}} = 1.1 \sigma_{\mathrm{y}} \left( \frac{2t}{R_0} \right) \left( 1 - \frac{C}{t} \right). \quad (1-10)$$

当 $A^2/Dt \leqslant 50$ 时,

$$M = (1 + 0.6275z - 0.003375z^2)^{1/2}. \quad (1-11)$$

当 $A^2/Dt > 50$ 时,

$$M = 0.032z + 3.3. \quad (1-12)$$

20 世纪 80 年代末,Rstreng 准则[53]被提出。该准则不仅改进了无缺陷压力钢管极限承载力的计算方法，还进一步修正了剩余强度系数，包括 Rstreng 0.85dl 法和 Rstreng 有效面积法两种评定方法。

Rstreng 0.85dl 法：

$$P_L = (\sigma_y + 68.95)(2t/R_0)[(1 - 0.85d/t)/(1 - 0.85d/t \cdot M^{-1})]. \quad (1-13)$$

Rstreng 有效面积法：

$$P_L = (\sigma_y + 68.95)(2t/R_0)[(1 - A/F_0)/(1 - A/F_0 \cdot M^{-1})]. \quad (1-14)$$

20 世纪 90 年代，Stephens 和 Leis[54]认为，中高强钢管道的失效应采用基于真实抗拉强度的失效准则作为判定标准，并基于实验数据给出了适用于中高强钢材的极限承载力预测公式：

$$P_L = \sigma_u \frac{2t}{R_0}\left\{1 - \frac{C}{t}\left[1 - \exp\left(-0.157\frac{L}{\sqrt{R_0(t-C)}}\right)\right]\right\}. \quad (1-15)$$

20 世纪末期，为解决 ASME 规范中计算结果的保守性问题，DNV-RP-F101 规范[55]被挪威船级社和英国天然气公司提出。该规范主要针对海底管道和近海管道，提出了以许用应力为标准的许用应力法和基于概率修正方程的安全系数法，如式(1-16)和(1-18)所示。

许用应力法：

$$\begin{cases} P_L = \gamma_m \dfrac{2t\sigma_y}{R_0 - t} \dfrac{1 - \gamma_d (d/t)^*}{1 - \dfrac{\gamma_d (d/t)^*}{Q}} & \gamma_d (d/t)^* < 1, \\ P_L = 0 & \gamma_d (d/t)^* \geqslant 1. \end{cases} \quad (1-16)$$

其中：

$$Q = \sqrt{1 + 0.31\left(\frac{L}{\sqrt{R_0 t}}\right)^2},$$
$$(d/t)^* = (d/t)_{meas} + \varepsilon_d S_t R_0 (d/t). \quad (1-17)$$

分项安全系数法：

$$P_L = \frac{2t\sigma_u}{R_0 - t} \frac{(1 - d/t)}{[1 - d/(tQ)]}. \quad (1-18)$$

21 世纪初，有限元分析方法开始普遍运用于管道的极限承载力预测中。Choi[56]和 Netto[57]是其中的代表。Choi 在实验分析的基础上，采用 X65 钢管道对现有的不同失效准则进行数值模拟分析和讨论。结果表明，失效准则取 90%

的抗拉强度作为含缺陷管道失效的判定标准是合理的。在此基础上，Choi 等利用有限元计算模型揭示减薄环向长度、轴向长度以及深度和极限承载力之间的影响关系，进一步总结影响规律，给出极限承载力计算公式，如式（1-19）和（1-20）所示。

当 $A/\sqrt{R_0 t} < 6$ 时，

$$P_L = 0.9 \frac{t}{R_0} \sigma_u [E_2 (A/\sqrt{R_0 t})^2 + E_1 (A/\sqrt{R_0 t}) + E_0]. \quad (1-19)$$

$$\begin{cases} E_0 = 0.06c^2 - 0.1035c + 1.0, \\ E_1 = -0.6913c^2 + 0.4548c - 0.1447, \\ E_2 = 0.1163c^2 - 0.1053c + 0.0292. \end{cases}$$

当 $A/\sqrt{R_0 t} \geqslant 6$ 时，

$$P_L = \frac{t}{R_0} \sigma_u [E_1 (A/\sqrt{R_0 t}) + E_0]. \quad (1-20)$$

$$\begin{cases} E_1 = 0.0071c - 0.0126, \\ E_0 = -0.9847c + 1.1101. \end{cases}$$

Netto 的研究对象不同于 Choi。为了更好地模拟局部减薄压力钢管的缺陷情况，Netto 不仅模拟了 Choi 实验中的矩形减薄缺陷，还采用实验和数值模拟对比分析了含有椭圆形缺陷的压力管道。研究表明：含矩形减薄缺陷的管道的极限承载力比含椭圆形缺陷的管道的极限承载力更小，实际计算中可将椭圆形缺陷简化为等深度的矩形缺陷；不同的影响参数对极限承载力的计算结果有影响。研究得到了极限承载力计算公式：

当 $C/R_0 \geqslant 0.0785, 0.1 < c < 0.8, A/R_0 \leqslant 1.5$ 时：

$$P_L / P_0 = 1 - 0.9435 c^{1.6} (A/R_0)^{0.4}. \quad (1-21)$$

2004 年，我国针对压力容器提出了相应的安全评定方法。该方法以 NG-18 公式为基础，结合 ASME 规范和 2000 多组有限元分析结果对极限承载力计算公式进行拟合，得到了弯矩和内压组合作用下的极限承载力计算公式：

$$P_L = r \cdot P_0. \quad (1-22)$$

$$r = \begin{cases} 0.95 - 0.85 A_e & a/b \leqslant 7.0, \\ 0.95 - 1.04 A_e & 7.0 < a/b \leqslant 25.0, \\ 0.95 - 1.47 A_e & a/b > 25.0. \end{cases} \quad (1-23)$$

$$A_e = c \sqrt[3]{a_e bc}. \qquad (1-24)$$

针对以上计算方法,韩良浩等[58]利用弹塑性有限元法分析了含矩形缺陷的管道的极限承载力,将分析结果和 ASME 规范中的计算结果进行对比,指出了影响含矩形缺陷管道的极限承载力的主要参数是减薄厚度,减薄厚度越大,对管道极限承载力的计算结果影响越明显。Ma 等[59]通过大量的实验数据分析了 ASME B31G、Rstreng 和 DNV-RP-F101 三种极限承载力计算方法的优劣性。研究表明,ASME B31G 计算公式存在计算结果偏低的问题,DNV-RP-F101 计算公式存在结果偏高的问题。王嘉伟等[60]针对含局部缺陷的水电站压力管道展开研究,发现我国的在用含缺陷压力容器极限承载力计算方法和 DNV-RP-F101 承载力计算公式不适用于水电站压力钢管的承载力计算,而 ASME B31G 计算公式适用。帅义等[61,62]建立了一种新的含减薄管道计算模型,证实该模型具有更高的预测精度,能够有效地预测管道的极限承载力。Teran 等[63]将矩形缺陷和点蚀缺陷进行组合,得到了某管段的极限承载力,并将其与 ASME B31G、SHELL-92[64]、DNV-RP-F101 和 PCORR 等计算方法进行对比。结果表明,未改进的 ASME B31G 规范最为保守,而 DNV-RP-F101 和 PCORR 计算结果偏不安全。

### 1.2.1.2 局部减薄压力钢管失效模式和危险点研究现状

判断含减薄管道的失效模式和危险点是开展管道失效机理研究的另一个重点。不同结构的失效模式和危险点位置不同,因此不同的学者对此展开了研究。李瑞[65]针对注汽管道展开调研分析,以实验数据和运行数据为基础分析了注汽管道的应力扩展情况和可能出现的失效类型,进一步通过可靠性理论建立了管道失效概率模型。徐宏等[66]针对核工业管道,讨论了失效评定图在核工业管道上的应用,以判定该管道的失效模式。何亚莹[67]介绍了长输管线的几种失效模式判定方法:故障树分析法、专家系统失效判定方法、概率失效分析方法以及剩余寿命评定方法等,针对新兴的光纤传感技术开展压力管道的健康诊断,并进行了可行性分析。邰阳[68]对比分析了神经网络法、多元回归线性分析方法和灰色相关分析法在油气管道失效判定上的应用;结果表明,灰色相关分析法更适用于油气管道的失效模式判定。陈钢等[69]基于弹塑性有限元分析模型,讨论了内压和弯矩组合作用下的局部减薄弯头的应力扩展情况,并进一步总结了含减薄弯管的三种塑性失效模式。

从以上研究可知,失效模式的判定方法大致可归为四类。其中,故障树分析法[70]和概率失效分析法[71]属于概率分析方法。概率分析法在已有工程数据收集的基础上对事故发生的概率和可能出现的失效模式进行预测,需要对提供的所有数据逐层进行分析和组合,通过各个参数之间的内部逻辑关系寻找事故发生的根源。神经网络法[72]将数据信息转化为符号之间的逻辑运算,其精度和提供的样本数量有关,样本数量过多可能导致精度下降。神经网络经过多次训练可以较好地预测管道的失效模式。专家系统失效判定方法[73,74]借助专业领域内权威人士的知识经验设计程序,可以帮助使用者对失效模式进行判断。有限元分析方法[75-78]是利用计算机进行的一种数值近似计算分析方法,通过对连续问题进行有限数目的单元离散来近似模拟真实情况,可以针对不同的复杂结构以及边界条件保证计算精度。

以上方法中,故障树分析法、概率失效分析法、神经网络法和专家系统失效判定法是传统的失效模式预测方法,普遍存在失效模式预测结果不完整、人为主观性过强、失效模式预测结果可靠性低、预测流程烦琐、需要收集大量数据等缺点。有限元分析方法不同于传统的失效模式预测方法,结果真实可靠,可以在应力层面对目标结构进行分析。因此,本文采用 ANSYS 数值模拟分析软件对局部减薄水电站压力钢管进行失效模式的预测。

国内外学者已经采用有限单元法在管道结构的失效模式预测方面进行了部分研究:陈钢等[20]讨论了内压和弯矩作用下局部减薄弯头的塑性失效模式,指出在弯矩单独作用下失效模式应有三种,而在内压作用下局部减薄管道的失效模式仅有两种,且都与局部减薄参数有关;Choi 等[56]针对矩形减薄缺陷的爆破实验结果和有限元应力分析结果预测了失效时的危险区域;Lee 等[42]针对含点蚀和矩形两种形式的含减薄压力管道进行弹塑性有限元分析,发现缺陷的体型参数和形状对管道失效模式都有影响;Roy 等[79]针对弯矩和轴力联合作用下的减薄管道开展了实验分析,并结合有限元数值模型结果总结了减薄轴长、减薄深度以及减薄环向长度对失效模式的影响规律。上述研究表明,局部减薄管道的失效模式受多种因素影响。然而,目前的研究并未给出减薄参数和失效模式之间的对应关系。

此外,危险点作为管道失效时的最危险位置,通常是管道失效破坏的导火索,因此有必要在判定管道失效模式的基础上展开危险点位置研究。Mondal 等[80]对两组不同缺陷参数的含减薄管道开展了有限元分析,通过应力图可知危险点可能随着影响参数的变化出现在不同的位置。Barsoum[81]等对含缺陷压力容器受冲击荷载的实验结果与数值模拟结果进行对比研究;研究表明,数值模拟结果和实验结果的失效结论基本吻合。范晓勇等[82]针对特定尺寸的减薄管道展开失效机理分析;研究表明,失效危险点出现在平行于局部减薄轴向长度的无缺陷区域附近。马欣等[21]对内局部减薄管道的应力应变进行分析后指出减薄参数是危险点位置变化的重要影响因素。上述研究表明:减薄参数对管道失效危险点位置有影响,然而并未给出减薄参数和管道失效危险点之间的对应关系。

### 1.2.2 局部减薄压力钢管安全评定研究现状

失效机理研究的目的是得出适用于压力管道的安全评定方法。现有局部减薄压力钢管安全评定方法主要包括以断裂力学为基础的 BS7910 含缺陷评定准则[83]、R6 双判据评定准则[84]和以极限载荷控制的塑性失效为基础的净截面垮塌准则、NG-18 准则。以断裂力学为基础的缺陷评定准则在已知缺陷尺寸的基础上讨论管道裂纹的扩展速率,以结构剩余寿命内已知缺陷尺寸是否超过极限尺寸作为缺陷可接受与否的评判标准。NG-18 准则和 NSC 准则的失效评定侧重点不同。其中:净截面垮塌准则(NSC 准则)认为,当减薄区域断面基本达到屈服时管道失效,并通过弹性内力平衡方法推导出管道的极限荷载;基于 NG-18 失效准则的极限承载力计算方法主要研究剩余强度系数对完整管道的折减效应,将折减后的极限内压与工作内压进行比较以判定结构是否失效。现有评定规范中 ASME B31G-2012、DNV-RP-F101、PCORRC 以及我国的 GB/T 19624—2004 规范都是参照 NG-18 准则制定的,已在工程实践中得到广泛应用。

#### 1.2.2.1 美国 ASME B31G 含缺陷管道安全评定方法

ASME B31G 的评定思路,建立在全尺寸爆破实验的基础上。该方法仅用于评定内部或外部腐蚀造成的管道内外壁损失,是一种典型的针对体积缺陷的评定方法。该评定方法在 2009 版之后分了四级,这里只介绍使用最多且一直沿用的一级评定方法。

计算鼓胀系数 $M$：

$$\begin{cases} M = \sqrt{1 + 0.6275 \dfrac{L^2}{R_0 t} - 0.003375 \left(\dfrac{L^2}{R_0 t}\right)^2} & L^2/R_0 t \leqslant 50, \\ M = 0.032 \dfrac{L^2}{R_0 t} + 3.3 & L^2/R_0 t > 50. \end{cases} \quad (1-25)$$

计算失效爆破压力 $P_L$：

$$P_L = \frac{\sigma_{\text{flow}} \cdot 2t}{R_0} \left[ \frac{1 - 0.85 \cdot \dfrac{d}{t}}{1 - 0.85 \cdot \dfrac{d}{t} \cdot \dfrac{1}{M}} \right]. \quad (1-26)$$

缺陷安全评定：

$$\begin{cases} P_L \geqslant r \cdot P_0 & \text{缺陷可以接受,} \\ P_L < r \cdot P_0 & \text{缺陷不可以接受.} \end{cases} \quad (1-27)$$

#### 1.2.2.2 挪威 DNV-RP-F101 含缺陷管道安全评定方法

为了解决 ASME B31G 计算结果较为保守的问题，挪威船级社提出了 DNV-RP-F101 含缺陷管道安全评定方法。该评定方法的基础是挪威船级社以及英国天然气公司的局部减薄压力管道数据库，其中包含了大量的数值模拟分析结果以及大量的实验分析结果。沿用至今的 DNV-RP-F101 安全评定方法在复杂形状的缺陷的简化以及复杂荷载下的含缺陷管道计算方法方面已有一套完整的理论体系。

$$P_L = \frac{2t\sigma_u}{R_0 - t} \frac{(1 - d/t)}{[1 - d/(tQ)]}. \quad (1-28)$$

其中：

$$Q = \sqrt{1 + 0.31 \left(\frac{L}{\sqrt{R_0 t}}\right)^2}. \quad (1-29)$$

缺陷评定：

$$\begin{cases} P_L \geqslant r \cdot P_0 & \text{缺陷可以接受,} \\ P_L < r \cdot P_0 & \text{缺陷不可以接受.} \end{cases} \quad (1-30)$$

#### 1.2.2.3 我国的 GB/T 19624—2004 含缺陷管道安全评定方法

2004 年，我国基于陈钢等对内压和弯矩组合作用下含缺陷管道的失效机理研究，推出了针对压力容器的 GB/T 19624—2004 含缺陷管道安全评定方法：

$$P_L = r \cdot P_0. \tag{1-31}$$

$$r = \begin{cases} 0.95 - 0.85A_e & a/b \leq 7.0, \\ 0.95 - 1.04A_e & 7.0 < a/b \leq 25.0, \\ 0.95 - 1.47A_e & a/b > 25.0. \end{cases} \tag{1-32}$$

$$A_e = c \sqrt[3]{a_e bc}. \tag{1-33}$$

$$M_L = m_{LS} \cdot M_0. \tag{1-34}$$

$$m_{LS} = \begin{cases} \cos(c\pi b/2) - c\sin(\pi b)/2 & c < (1-b)/b, \\ (1-c)\sin[\pi(1-bc)/2(1-c)] + c\sin(\pi b)/2 & c \geq (1-b)/b. \end{cases}$$

$$\left(\frac{P}{P_L}\right)^2 + \left(\frac{M}{M_L}\right)^2 \leq 0.44. \tag{1-35}$$

GB/T 19624—2004 是在"合乎使用"和"最薄弱"两个原则的基础上发展而来的。若计算结果符合式(1-35)或满足 GB/T 19624—2004 中 H.9.3 条关于压力管道局部减薄缺陷容限值的要求，则认为该缺陷可以接受；反之，该管道需要进行维护或更换。

#### 1.2.2.4 李思源等的含缺陷管道安全评定方法

李思源等[85]对轴力、弯矩以及内压组合作用下的含缺陷直管进行了剩余强度系数和安全评定研究。该评定方法以文献[86]为基础，利用剩余强度系数建立了求解外壁含规则化减薄直管段的剩余强度系数公式。在这里，我们对此成果加以整合。

当 $\alpha \geq 0.5$ 且 $\gamma < 1$ 时：

$$M = \sqrt{1 + (2.5\alpha - 1)\sqrt{\gamma}}. \tag{1-36}$$

当 $\alpha \leq 0.8$ 且 $\gamma > 0$ 时：

$$M = \sqrt{1 + \max\{(0.62 + \alpha^8)\gamma^2, (2.5\alpha - 1)\sqrt{\gamma}\}}. \tag{1-37}$$

其中：

$$r = \frac{1 - \alpha}{1 - \alpha/M}. \tag{1-38}$$

$$P_L = P_0 \cdot r. \tag{1-39}$$

上述规范虽然已被广泛应用于工程实践中，但是也同时存在两个不可忽视的问题:适用性问题和精确性问题。针对适用性问题的调研发现:ASME B31G-2012、DNV-RP-F101、PCORRC 和 SY/T 6477—2014 等评定方法主要针对输油、输气管道,而 GB/T 19624—2004、SY/T 6151—2009 等评定方法多针对压力容器的安全评定。我国目前使用的 SY/T 6477—2014 是在 DNV-RP-F101 规范的基础上提出来的,适用于含减薄缺陷的碳素钢材管道;SY/T 6151—2009 是在 Modified B31G 的基础上提出来的,适用于含减薄缺陷的低强度钢材管道。因此,各规范对于管道评定的适用性都不尽相同。

此外,国内外学者对现有管道评定规范的精确度进行了深入研究。王予东等[87]对比了 DNV-RP-F101、ASME B31G 以及 API 579 安全评定规范。对比研究表明:ASME 规范较之于另两种规范评价准确度更高;挪威船级社和英国 API 评定规范更适合评价采用中高强钢材的管道。何洁等[88]采用 API 579 准则计算得到的极限载荷在减薄长度较小时,有限元计算结果与规范给出的结果相吻合;深度和长度都较大时,规范的计算结果偏保守,有一定的局限性,API 579 准则对此并不适用。Mccallum 等[89]讨论了现在常用的 22 种评定方法,利用这些方法对缺陷尺寸的要求以及评定结果的误判率等指标进行了对比分析。研究表明:对于低强度钢材,Modified B31G 的结果较理想;对于中强度钢材,PCOR-RC、Netto 和 Zhu 的评定方法更具有优势;对于高强度钢材,陈、PCORRC、Ma 和 Choi 的方法所得结果更精确。

## 1.3 主要研究工作

### 1.3.1 研究内容

根据上述研究现状可知:现有局部减薄管道的极限承载力计算方法的计算精度不同,研究对象多为输油管道和海底管道。然而,由于局部减薄水电站压力钢管的破坏机理和极限承载力规律等与化工容器和输油管道不相同,尚未直接采用上述方法对该类管道进行承载力预测分析。此外,针对该类管道的承载力预测研究也未能建立局部减薄参数和管道强度参数与极限承载力的关系式[17-19]。从失效模式的判断和危险点位置研究可知,现有管道的失效模式和危险点受多种因素影响。然而,目前的研究未给出失效模式和危险点的判定方法。

此外,局部减薄压力钢管的失效机理研究是安全评定研究的基础。然而,现有评价标准的适用性不尽相同。其中:ASME B31G 不适用于评定钢级较高、管径较大的管道,且最终评定结果偏保守;DNV-RP-F101 评定结果偏不安全且不适用于评定钢级超过 X80 的管道;PCORRC 在评定低强度钢级的钢管道时误差较大;API 579 在缺陷减薄长度相对较短的情况下,与有限元结果较吻合,减薄深度和减薄长度都较大时计算结果偏保守。鉴于此,本文在现有研究成果的基础上[60,90-98]开展了水重和内压作用下局部减薄水电站压力钢管的失效机理研究和安全评定。考虑到减薄缺陷位于管道跨中位置时不安全[56,57],因此本研究将减薄缺陷置于跨中位置;同时考虑到管道跨中部位所受水重产生的弯曲应力远小于由内压产生的拉应力对管道应力分布的影响[60],因此本研究所取局部减薄区域位于管顶。

研究内容包括:

(1)从验证局部减薄管道极限承载力的分析方法出发,对局部减薄压力钢管计算模型的建立、实际缺陷的简化以及失效准则的选取等多方面进行讨论,结合实验数据验证本书所用方法的适用性。在此基础上筛选出可能影响压力钢管极限承载力的钢材强度参数、局部减薄几何参数以及管道跨度,分析了以上管道体型参数和缺陷几何参数对极限承载力的影响规律,总结出影响管道承载能力的主要因素——减薄几何参数和钢材强度参数,建立了以钢材强度参数、局部减薄深度和局部减薄轴向长度为变量的极限承载力计算公式

(2)采用 EPIA 法(弹塑性增量法)开展了含减薄管道的失效模式识别和危险点预测研究。以局部减薄管道失效时的塑性区体积与相应的完整管道失效时的塑性区体积之比为失效模式的量化标准,通过分析管面应力情况确定失效危险点的位置,讨论了管道跨度以及局部减薄轴向长度、环向长度和深度与失效模式、失效危险点之间的对应关系。

(3)在局部减薄管道极限承载力计算公式以及失效模式判定方法和危险点预测方法的基础上,结合国内外安全评定方法给出了适用于水电站压力钢管的安全评定流程,并进一步编译相应的安全评定软件。

## 1.3.2　技术路线

主要技术路线如图 1-3 所示。

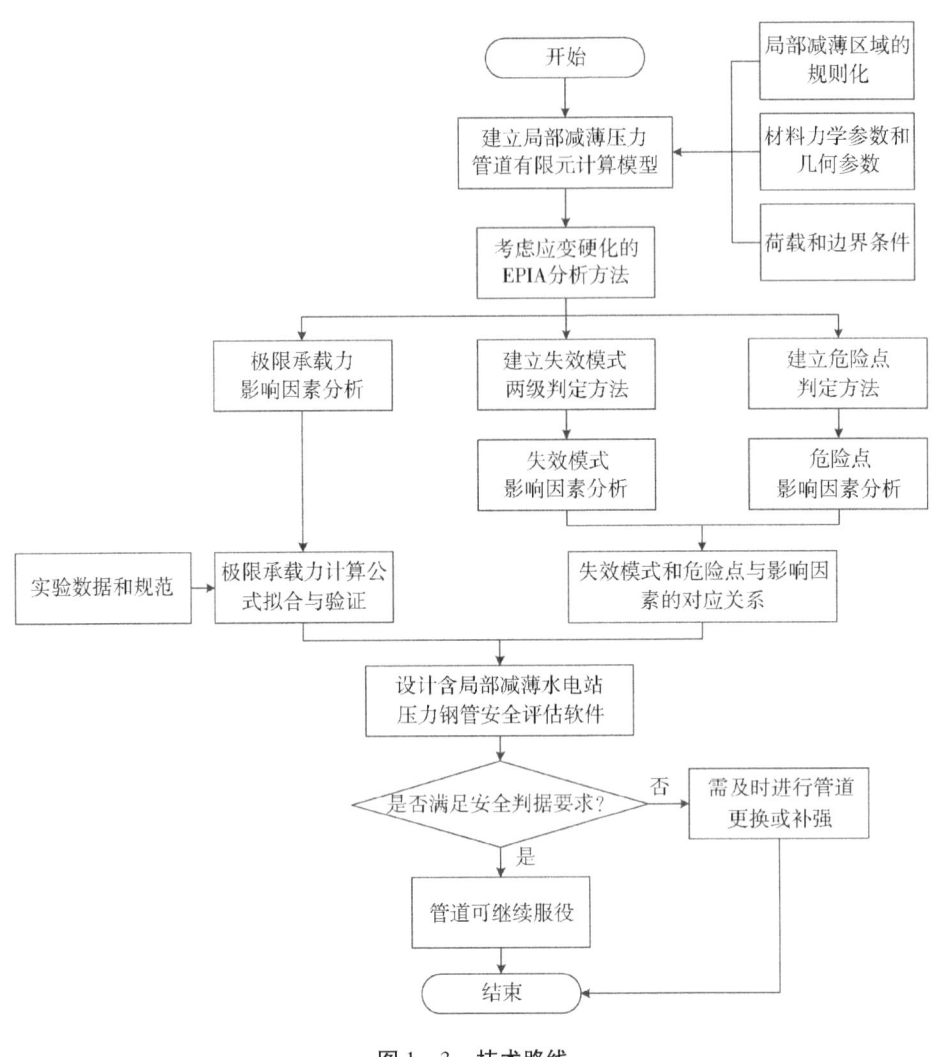

图 1-3 技术路线

## 1.3.3 创新点

本书具有以下三个创新点:

(1) 为研究多因素影响下的局部减薄压力钢管极限承载力计算公式,引入了考虑应变硬化的本构模型和 EPIA 计算分析方法,筛选出可能影响管道承载力的钢材强度参数、局部减薄几何参数以及管道跨度参数,总结了不同影响因素下极限承载力的变化规律,建立了以钢材强度参数、减薄深度和减薄轴向长度为变量的极限承载力计算公式,并进一步将其与现有极限承载力公式的计算结果做对比,验证所建立的计算公式在水电站压力管道极限承载力计算中的适用性,为开展此类结构的安全评定奠定了理论基础。

(2)为对局部减薄压力钢管的失效模式和危险点进行合理预测,结合管道失效时的塑性区体积和应力分析结果提出了失效模式和危险点的量化标准,分析了局部减薄几何参数以及管道跨度参数对失效模式的影响规律,并对不同的局部减薄几何参数的管道特征点应力进行了研究,揭示了含缺陷管道失效时可能的失效模式和失效时的危险点位置和局部减薄参数之间的对应关系,从而为开展此类结构的安全评定提供理论依据。

(3)为对局部减薄压力钢管进行安全评定,结合管道的失效机理研究成果,研究建立了相应的安全评定流程和安全评定软件,并进一步结合算例对安全评定软件的评定结果和适用范围进行了分析。

# 第二章 局部减薄水电站压力钢管的极限分析方法研究

本章围绕局部减薄水电站压力钢管的极限分析方法开展研究,主要包括以下几方面内容:(1)介绍了结构极限分析的弹塑性增量分析法的基本思想与步骤;(2)给出了适用于局部减薄水电站压力钢管极限承载力分析的弹塑性增量分析法,包括计算模型的建立、本构关系的选取、增量迭代方法与收敛准则的选取、结构极限状态的失效准则选取等关键内容;(3)结合模型实验结果,验证了采用上述弹塑性增量分析法求解局部减薄压力钢管极限承载力的可靠性,对比研究了工程应力—应变关系和真实应力—应变关系对极限承载力结果的影响,并且对不同强度的钢材的极限承载力分析采用的失效参考应力给出建议值。

## 2.1 结构极限承载力分析的弹塑性增量分析法

本文采用弹塑性增量分析法(即 EPIA 法)对局部减薄水电站压力钢管的极限承载力进行分析计算,将总荷载分为若干个较小的荷载增量,通过逐步增加荷载的方法模拟结构由弹性阶段进入塑形阶段的过程,直到结构失效。此时,该过程中加载的累积值即为结构的极限承载力。具体分析步骤如下:

(1)设置荷载增量步

将预估的极限承载力划分为 $m$ 份较小的荷载增量,通过逐步增大荷载模拟结构在荷载增大的情况下逐渐进入弹塑性阶段的过程,则累计的预期极限承载力可表示为:

$$P'_{\text{L}} = \sum_{k=1}^{m} \Delta P_k = \left( \sum_{k=1}^{m} \Delta P_{k,0} \right) \eta. \quad (2-1)$$

式中:$P'_{\text{L}}$ 表示预期的极限承载力;$\Delta P_k$ 为第 $k$ 步的增量荷载;$\eta$ 为基准荷载向量;$\Delta P_{k,0}$ 表示第 $k$ 步的增量荷载乘子,其值在计算过程中可调整,初期可以取相对较大值,当接近结构极限荷载时可以取较小值,以保证具有较高的计算精度。

(2) 荷载增量步迭代分析

令每一加载步内各单元的弹塑性矩阵 $D_{ep,k}$ 为常数,将弹塑性方程线性化后对该增量步进行结构分析。当荷载乘子为 $\Delta P_{k,0}$ 时,加载步的有限元控制方程为:

$$K_{ep,k}\Delta u_k = \Delta P_k = \Delta P_{k,0}\eta. \qquad (2-2)$$

式中,$\Delta u_k$ 和 $K_{ep,k}$ 分别表示第 $k$ 个增量步的位移增量和结构弹塑性刚度矩阵。

采用 Newton-Raphson 方法求解:

$$K_{ep,k}^i \Delta u_k^i = \Delta P_k^i. \qquad (2-3)$$

$$K_{ep,k}^i = \sum_e \int_{V_e} B^T D_{ep,k}^i B dV. \qquad (2-4)$$

$$D_{ep,k}^i = D_{ep}\{\sigma_k^i, \alpha_k^i, (\varepsilon^p)_k^i\}. \qquad (2-5)$$

$$\Delta P_k^i = \sum_{j=1}^k \Delta P_j - \sum_e \int_{V_e} B^T \sigma_k^i dV. \qquad (2-6)$$

$$\sigma_k^0 = \sigma_{k-1}, \alpha_k^0 = \alpha_{k-1}, (\varepsilon^p)_k^0 = (\varepsilon^p)_{k-1}. \qquad (2-7)$$

式中:上标 $i$ 表示本增量步的迭代次数;$K_{ep,k}^i$、$\Delta u_k^i$ 和 $\Delta P_k^i$ 分别为第 $i$ 次迭代时的弹塑性刚度矩阵、增量位移列阵和不平衡力列阵;$B$ 表示应变矩阵;$D_{ep,k}^i$ 表示第 $i$ 次迭代时的弹塑性应力应变矩阵;$\sigma_k^i$、$\alpha_k^i$ 和 $(\varepsilon^p)_k^i$ 表示第 $i$ 次迭代时的应力、硬化参数和塑性应变;$\sigma_{k-1}$、$\alpha_{k-1}$ 和 $(\varepsilon^p)_{k-1}$ 表示 $k-1$ 增量步求得的应力、硬化参数和塑性应变结果;$V_e$ 表示单元体积。

$K_{ep,k}^i$ 和 $\Delta P_k^i$ 可根据式(2-4)至(2-7)求解,将其代入式(2-3)求解位移增量修正量 $\Delta u_k^i$,最终计算应变增量修正量 $\Delta \varepsilon_k^i$ 和应力增量修正量 $\Delta \sigma_k^i$:

$$\Delta \varepsilon_k^i = B \Delta u_k^i, \Delta \sigma_k^i = m D_e \Delta \varepsilon_k^i + \int_0^{(1-m)\Delta \varepsilon_k^i} D_{ep,k}^i d\varepsilon. \qquad (2-8)$$

式中,$m$ 为弹性因子。

通过累加此前的全部增量步的计算结果可得到结构应力向量 $\sigma$ 和位移向量 $u$:

$$\sigma = \sigma^{i+1} = \sigma^i + \Delta \sigma_k^i, u = u^{i+1} = u^i + \Delta u_k^i. \qquad (2-9)$$

采用式(2-3)至(2-9)进行迭代分析,调整该区域弹塑性矩阵 $D_{ep,k}^i$ 和本构方程,并且建立弹塑性刚度矩阵 $K_{ep,k}^i$,使不平衡力 $\Delta P_k^i$ 逐渐减少。当满足常用的位移、力和能量收敛准则时完成本增量步的迭代分析。

位移收敛准则为:

$$\| \Delta u_k^i \| < er_D \| u^i \|.$$

力收敛准则为:

$$\| \Delta P_k^i \| < er_F \| \Delta P_k^0 \|.$$

能量收敛准则为:

$$(\Delta u_k^i)^T \Delta P_k^i \leq er_E (\Delta u_k^i)^T \Delta P_k^0.$$

式中,$\| \cdot \|$ 表示向量范数,可采用向量的 2-范数和无穷范数等;$er_F$、$er_D$ 和 $er_E$ 分别表示力、位移和能量收敛准则的迭代容差。

重复计算直到第 $N$ 个增量荷载步时结构达到极限承载力极限状态,则 $N-1$ 个增量步所对应的总荷载即为结构的极限承载力:

$$P_L = \sum_{k=1}^{N-1} \Delta P_k = \Big( \sum_{k=1}^{N-1} \Delta P_{k,0} \Big) \eta. \qquad (2-10)$$

式中,$P_L$ 表示结构的极限承载力。

EPIA 是工程结构极限承载力分析的常用方法,本文根据计算模型的建立、本构关系的选取、增量迭代方法与收敛准则的选取、判断结构极限状态的失效准则的选取等关键内容进行对比研究,确定适用于局部减薄水电站压力钢管极限承载力分析的 EPIA。

## 2.2 基于 EPIA 的局部减薄水电站压力钢管极限承载力分析方法

### 2.2.1 极限承载力分析的计算步骤

对于局部减薄水电站压力钢管,EPIA 极限承载力分析主要包括四个步骤,分析流程如图 2-1 所示:

(1)建立局部减薄压力钢管的有限元计算模型,包括含缺陷和不含缺陷钢管部分的几何建模、有限单元的选取、网格划分、荷载施加、边界条件选取等。

(2)选取本构模型和计算参数,包括考虑硬化的方法、硬化模型和参数的选取等。

(3) 设置局部减薄压力钢管的增量迭代分析方法,包括增量迭代计算方法和收敛准则的选取等。

(4) 求解局部减薄压力钢管的极限承载力,包括判断结构极限状态的失效准则的选取。

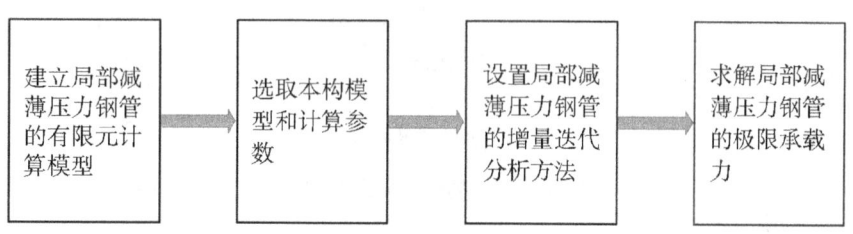

图 2-1　局部减薄压力管道极限承载力计算流程

## 2.2.2　局部减薄水电站压力钢管的有限元计算模型

### 2.2.2.1　局部减薄水电站压力钢管的计算模型与单元类型选取

研究表明,在局部减薄尺寸相同的情况下,局部减薄位置在内侧与外侧的极限荷载基本相同[77]。为方便建模,文中将局部减薄设在压力钢管外壁。对于如图 2-2 所示的局部减薄水电站压力钢管,根据管道结构对称性可取如图 2-3 所示的 1/4 计算模型。本文采用 ANSYS 进行极限承载力计算分析,选用 20 节点的实体单元 Solid95 模拟管道结构,每个节点有 3 个平动自由度。单元坐标系与自由度如图 2-4 所示。

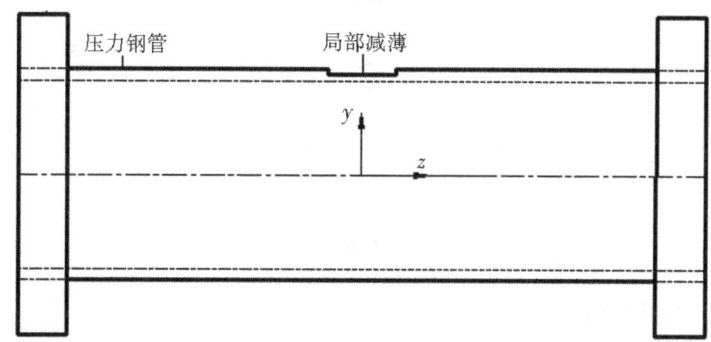

(a) 几何参数

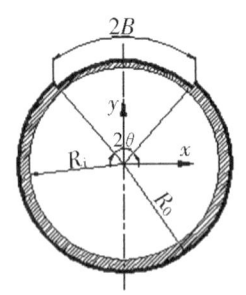

(b) 局部减薄断面图

图 2-2 局部减薄压力钢管

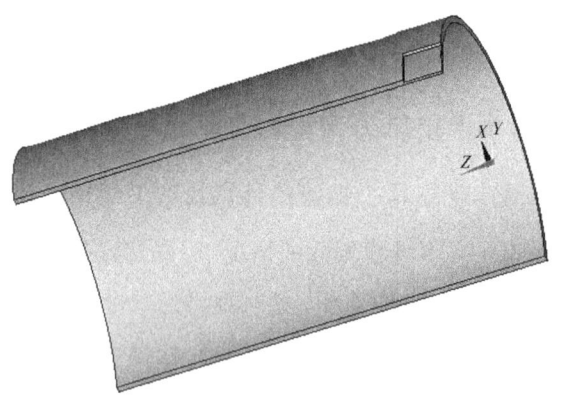

图 2-3 局部减薄水电站压力钢管的计算模型

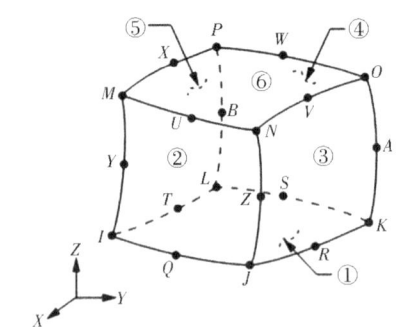

图 2-4 Solid95 的单元坐标系与自由度

#### 2.2.2.2 网格划分

结构网格划分一般采用四面体和六面体两种单元,通过四面体单元划分网格比较容易,但会增加单元和自由度,从而导致计算量增大。六面体单元可以克服四面体单元的上述问题。因此,选择六面体单元进行网格划分,可达到提高计算精度和计算效率的目的。

网格的划分对计算结果的精度有较大的影响。压力钢管局部减薄处的应力和应变变化梯度较大,应对局部减薄及其周围区域进行重点分析。因此,结合不同的局部减薄具体情况,划分网格时应使局部减薄及其周围的单元尽可能整齐、均匀。在保证计算精度的前提下,为提高计算效率可加密减薄处的网格划分,如图2-5所示。

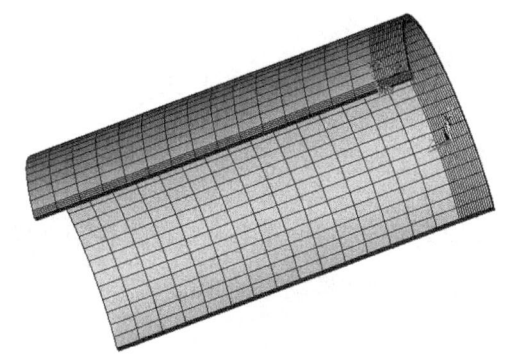

(a)整体网格

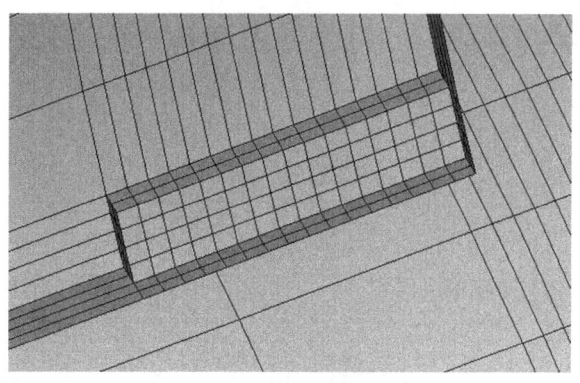

(b)缺陷处局部网格

图2-5 局部减薄压力钢管的网格划分

### 2.2.2.3 荷载施加与边界条件

对于压力钢管1/4结构,$y=0$平面和$z=0$平面为压力钢管对称剖面。因此,分别对两平面上的节点施加对称约束,只允许其在各自的平面内自由运动。为了约束模型的刚体位移,对$z=L/2$平面上的任意一节点施加$x$方向的约束,在压力钢管内表面施加均布压力。由于管道两端封闭,对$z=L/2$平面施加由管端封闭所引起的等效拉力,如图 2-6 所示。

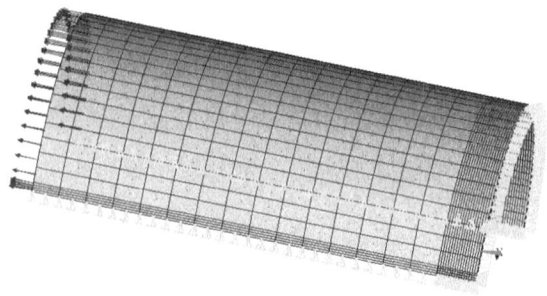

图 2-6 约束及荷载

## 2.2.3 本构关系和计算参数

材料的弹塑性本构模型有很多,常用的有理想弹塑性模型、线性强化弹塑性模型、幂次模型,以及随动硬化模型等,见图 2-7。

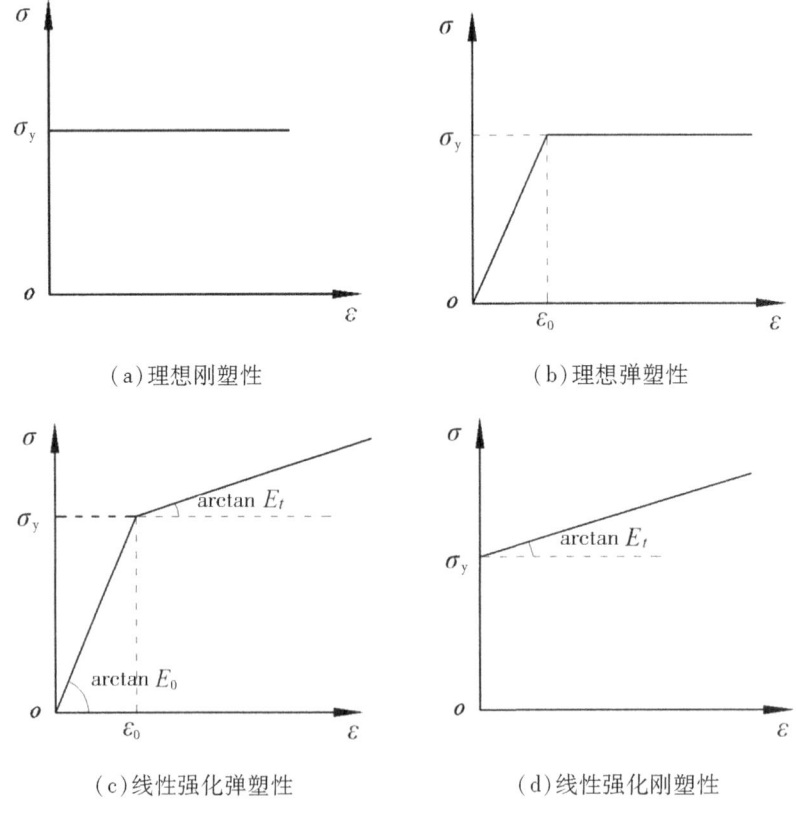

(a)理想刚塑性　　　　　　　(b)理想弹塑性

(c)线性强化弹塑性　　　　　　(d)线性强化刚塑性

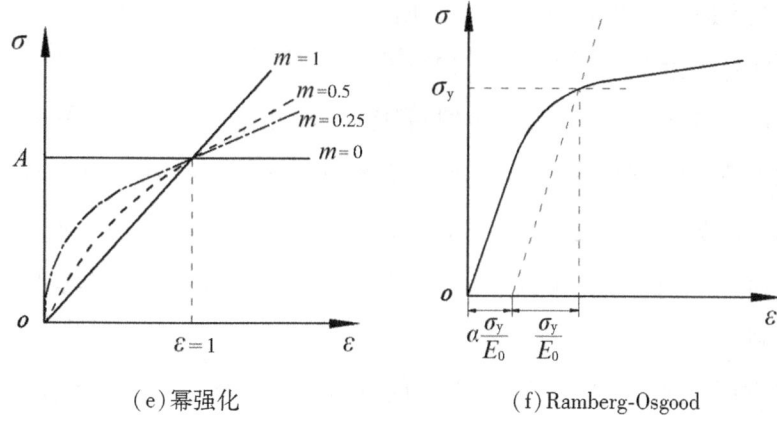

(e) 幂强化　　　　　　　(f) Ramberg-Osgood

图 2-7　弹塑性应力—应变模型

滑铁卢大学通过大量实验研究证明 Ramberg-Osgood 模型在局部减薄水电站压力钢管的数值模拟分析中能得到更精确的结果[78]。Ramberg-Osgood 模型如图 2-7(f) 所示，它是固体力学中描述弹塑性应力—应变关系的一个经典理论模型，也被称为三参数模型，与其他本构关系模型相比，具有较好的代表真实材料、表达式简单、能实现弹性阶段到塑性阶段的光滑过渡的优点[79]。其应力—应变关系如下：

$$\varepsilon = \frac{\sigma}{E_0} + \alpha \frac{\sigma_y}{E_0} \left( \frac{\sigma}{\sigma_y} \right)^n \quad (2-11)$$

## 2.2.4　增量迭代分析方法

文中选用牛顿—拉普森方法进行增量弹塑性计算，同时采用力与位移的收敛准则进行判断，收敛容差为 0.05，均采用 2-范数进行收敛，力的最小允许值为 0.5，位移的最小允许值为 1。

## 2.2.5　判断极限状态的失效准则

压力钢管极限承载力的常用失效准则有应变失效准则、应力失效准则、数值失稳失效准则三种。研究表明，基于应力失效准则的塑性极限分析方法可以准确预测局部减薄压力钢管的极限承载力[80]。1991 年，Wang 对局部减薄水电站压力钢管进行了弹性分析。研究表明,局部减薄区域的等效应力超过钢材的屈服强度时,压力钢管发生破坏。1992 年,Hopkin 和 Jones 等认为,当局部减薄区域的最大等效应力达到钢材的抗拉强度时,压力钢管发生破坏。1996 年,Bin 等研究了局部减薄管道的塑性失效,认为当局部减薄区域的最小等效应力达到材料的抗拉强度时,压力钢管发生破坏。随着有限元算法的运用,数值失稳准则应运而生。因此,在局部减薄水电站压力钢管的数值模拟中,具有以下四种失效准则:

(1)弹性极限准则:当局部减薄区域的 Von Mises 等效应力超过钢管的屈服强度时,管道失效。

(2)塑性极限准则:当局部减薄区域的 Von Mises 等效应力超过钢管的抗拉强度时,管道失效。

(3)塑性失效准则:当局部减薄区域的 Von Mises 等效应力达到钢管后屈服终点时,即局部减薄区域的最小等效应力达到钢管的抗拉强度时,管道失效。

(4)数值失稳准则:当局部减薄区域的 Von Mises 等效应力达到参考应力时,管道失效。此时,载荷作用下的有限元单元已经发生严重的屈曲变形,从而导致数值计算的发散。

研究表明:弹性极限准则得出的计算结果明显低于实际失效压力;塑性极限准则没有完全考虑管道材料后屈服强化的影响,导致计算结果偏低、偏保守。当局部减薄模型较为简单且网格划分质量较高时,数值失稳准则得出的结果与失效压力十分接近,具有较高的计算精度。塑性失效准则得出的计算结果与实际失效压力比较接近,但比数值失稳准则的精度略差。本书研究的局部减薄为规则的矩形体,且网格划分精细,所以采用数值失稳准则计算局部减薄水电站压力钢管的极限承载力。

## 2.3　EPIA 分析方法的验证

### 2.3.1　计算实例与参数

本文选取 Netto[64]的 7 组内压作用下小比例缩放的局部减薄水电站压力钢

管实验数据和 Choi[63] 的 7 组局部减薄天然气管道爆破实验数据,采用 EPIA 分析方法进行极限承载力计算。二者的实验模型与装置分别见图 2-8[64] 和图 2-9[63],钢材参数见表 2-1,应力—应变曲线见图 2-10 和图 2-11,实验模型几何参数见表 2-2 和表 2-3。

图 2-8 Netto 实验装置

图 2-9 Choi 实验装置

表 2-1 AISI 1020 和 API X56 的参数

| 钢材名称 | 屈服强度(MPa) | 抗拉强度(MPa) | 弹性模量(MPa) | 泊松比 |
| --- | --- | --- | --- | --- |
| AISI 1020 | 264 | 392 | 209322 | 0.3 |
| API X65 | 465 | 565 | 206000 | 0.3 |

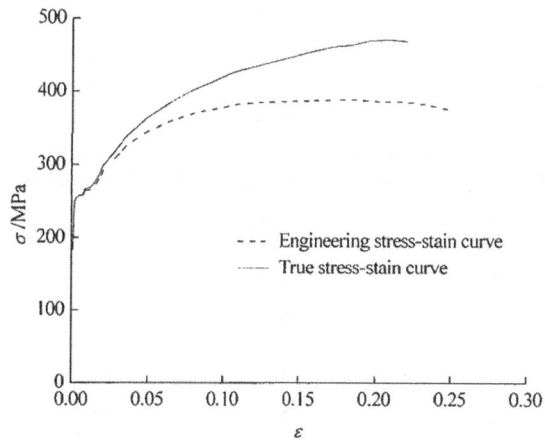

图 2-10 AISI 1020 的应力—应变曲线

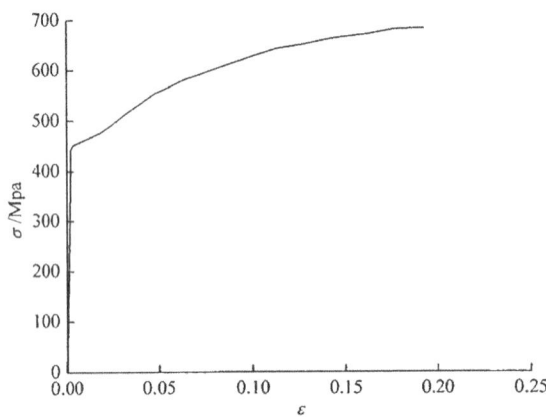

图 2-11 API X65 的真实应力—应变曲线

表 2-2 Choi 实验中的局部减薄水电站压力钢管参数(mm)

| 编号 | 管道外径 D | 管长 L | 壁厚 t | 减薄深度 C | 减薄轴向长度 2A | 减薄环向宽度 2B |
|---|---|---|---|---|---|---|
| DA | 762 | 2300 | 17.5 | 4.4 | 200 | 50 |
| DB | 762 | 2300 | 17.5 | 8.8 | 200 | 50 |
| DC | 762 | 2300 | 17.5 | 13.1 | 200 | 50 |
| LA | 762 | 2300 | 17.5 | 8.8 | 100 | 50 |
| LC | 762 | 2300 | 17.5 | 8.8 | 300 | 50 |
| CB | 762 | 2300 | 17.5 | 8.8 | 200 | 100 |
| CC | 762 | 2300 | 17.5 | 8.8 | 200 | 200 |

表 2-3 Netto 实验中的压力管道参数(mm)

| 编号 | 管道外径 D | 管长 L | 壁厚 t | 减薄深度 C | 减薄轴向长度 2A | 减薄环向宽度 2B |
|---|---|---|---|---|---|---|
| T2D | 41.94 | 420 | 2.73 | 1.58 | 42 | 13 |
| T3D | 41.92 | 420 | 2.73 | 1.59 | 21 | 13 |
| T4D | 41.95 | 420 | 2.73 | 1.87 | 42 | 13 |
| T5D | 41.95 | 420 | 2.73 | 1.91 | 21 | 13 |
| T6D | 41.95 | 420 | 2.73 | 2.13 | 42 | 13 |
| T7D | 41.95 | 420 | 2.73 | 2.24 | 21 | 13 |

## 2.3.2 真实应力—应变关系和工程应力—应变关系对极限承载力的影响

在工程上,对于塑性材料的应力—应变曲线,一般是将万能实验机自动绘出试件在实验过程中工作段的伸长与初始长度的比值、抗力与初始横截面积的比值间的定量关系曲线,称为工程应力—应变曲线。在整个拉伸实验过程中,试件的应力与应变之间的关系可大致分为弹性阶段、屈服阶段、强化阶段以及局部变形四个阶段,如图 2 – 12 所示。

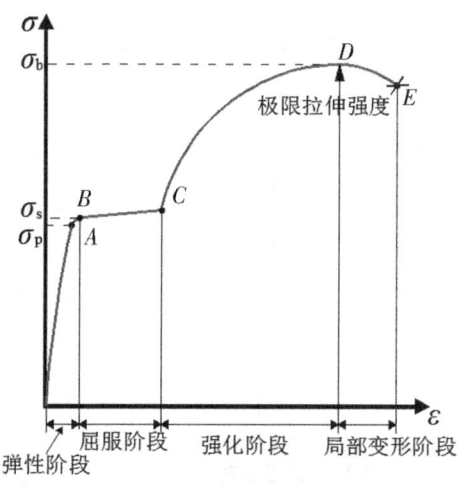

图 2 – 12 塑性材料的应力—应变曲线

研究表明,试件进入屈服阶段后,试件的横截面积明显减小,而工程应力—应变曲线在计算应力和应变时一直采用的是初始横截面积与初始长度。当结构进入强化阶段后,工程应力—应变曲线与试件实际承受的应力、应变不符,因此提出了真实应力—应变的概念:

$$\sigma' = \frac{P}{A_i}. \tag{2-12}$$

$$\varepsilon' = \int_{l_0}^{l_f} \frac{dl}{l} = \ln \frac{l_f}{l_0}. \tag{2-13}$$

真实应力—应变与工程应力—应变之间的关系如下式所示:

$$\sigma' = \sigma(1+\varepsilon). \tag{2-14}$$

$$e = \ln(1+\varepsilon). \tag{2-15}$$

压力钢管常见的失效模式是塑性失效,因此采用何种应力—应变曲线对于局部减薄水电站压力钢管极限承载力的计算结果有较大的影响。本章针对 Netto 实验分别采用真实应力—应变曲线和工程应力—应变曲线进行极限承载力的有限元计算。求解方法及相关设置如 2.2 节所述,极限承载力计算结果见表 2-4。

表 2-4　Netto 实验中的极限承载力计算结果/MPa

| 试件编号 | 实验值 $P_{L1}$ | Netto 数值结果 | 真实应力—应变曲线 $P_{L2}$ | 真 $P_{L2}$ 与 Netto 的结果误差 | 工程应力—应变曲线 $P_{L3}$ | 工 $P_{L3}$ 与 Netto 的结果误差 |
|---|---|---|---|---|---|---|
| T2D | 37.02 | 32.39 | 32.6 | 0.6% | 29.362 | 9.3% |
| T3D | 44.65 | 38.64 | 39.8 | 3.0% | 34.302 | 11.2% |
| T4D | 32.47 | 25.86 | 26.4 | 2.1% | 22.506 | 13.0% |
| T5D | 41.28 | 33.48 | 34.03 | 1.6% | 30.674 | 8.4% |
| T6D | 26.76 | 20.35 | 20.82 | 2.3% | 18.873 | 7.3% |
| T7D | 34.55 | 27.52 | 27.63 | 0.4% | 24.674 | 10.3% |

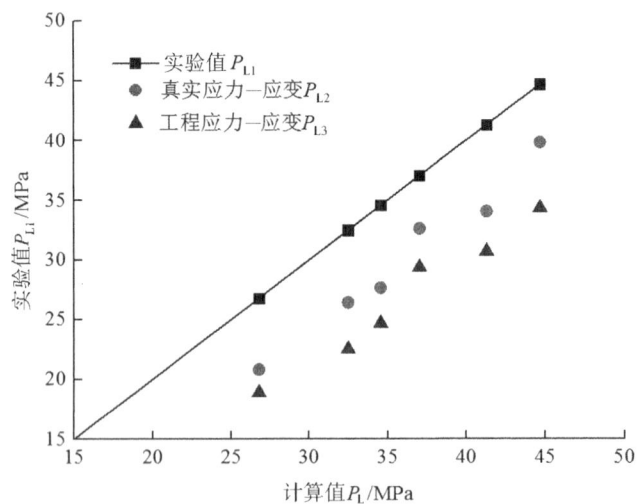

图 2-13　Netto 实验中的极限承载力

Netto 实验中压力管道的局部减薄为椭圆形,同时也采用了矩形减薄进行数值分析。本书采用规则的矩形局部减薄进行极限承载力的计算分析,因此主要将本章中的极限承载力计算结果与 Netto 数值结果进行对比。

由图 2-13 可见,采用真实应力—应变曲线的极限承载力计算结果更加接近实验值。由表 2-4 可知,真实应力—应变曲线的极限承载力与 Netto 的结果误差在 3.0% 以内,而工程应力—应变曲线的极限承载力与 Netto 的结果误差最高达到 13%。因此采用真实应力—应变曲线的 EPIA 方法具有较高的精度,适用于局部减薄水电站压力钢管极限承载力分析。

### 2.3.3 材料应变硬化对局部减薄水电站压力钢管极限承载力的影响

塑性压力钢管在一次加载的情况下,随着荷载的增加,其失效过程可分为以下四个关键的过渡阶段,即弹性状态到局部塑性状态、局部塑性状态到总体塑性状态、总体塑性状态到应变强化状态、应变强化状态到爆破失效状态。

对于无应变硬化效应的理想弹塑性材料及小变形的情况,当达到总体塑性状态即认为结构的承载能力达到最大限度,若载荷继续增加将发生不可抑制的塑性流动。而应变硬化是指材料经过屈服阶段后,恢复抵抗变形的能力,出现较大程度的塑性变形。因此,本章在传统的 EPIA 计算方法基础上考虑材料的应变硬化,并选取 Choi 的 7 组实验进行验证,钢材屈服强度 $\sigma_y = 465$ MPa,弹性模量 $E = 209322$ MPa,AISI 1020 的真实应力—应变数据如表 2-5 所示,其真实抗拉强度 $\sigma'_u = 611.807$ MPa。计算结果见表 2-6。

表 2-5 AISI 1020 的真实应力—应变数据

| 序号 | 1 | 2 | 3 | 4 | 5 | 6 | 7 | 8 |
|---|---|---|---|---|---|---|---|---|
| 真实应变 | 0.0023 | 0.0145 | 0.0174 | 0.0203 | 0.0232 | 0.0251 | 0.0285 | 0.0319 |
| 真实应力（MPa） | 465.000 | 469.713 | 473.368 | 480.679 | 486.162 | 495.3 | 502.611 | 511.749 |

| 序号 | 9 | 10 | 11 | 12 | 13 | 14 | 15 |
|---|---|---|---|---|---|---|---|
| 真实应变 | 0.0343 | 0.0368 | 0.0411 | 0.0498 | 0.0619 | 0.0754 | 0.0870 |
| 真实应力（MPa） | 517.232 | 524.543 | 535.509 | 557.441 | 579.373 | 597.65 | 611.807 |

表 2-6 Choi 实验中的极限承载力计算结果

| 试件编号 | 实验值 $P_L$(MPa) | 考虑硬化 $P_L$(MPa) | 不考虑硬化 $P_L$(MPa) |
|---|---|---|---|
| DA | 24.11 | 24.70 | 21.2 |
| DB | 21.76 | 21.50 | 18.4 |
| DC | 17.15 | 18.90 | 15.6 |
| LA | 24.30 | 24.10 | 21.0 |
| LC | 19.80 | 20.70 | 16.2 |
| CB | 23.42 | 21.45 | 18.6 |
| CC | 22.64 | 23.95 | 18.0 |
| 平均误差 |  | 4.77% | 15.63% |

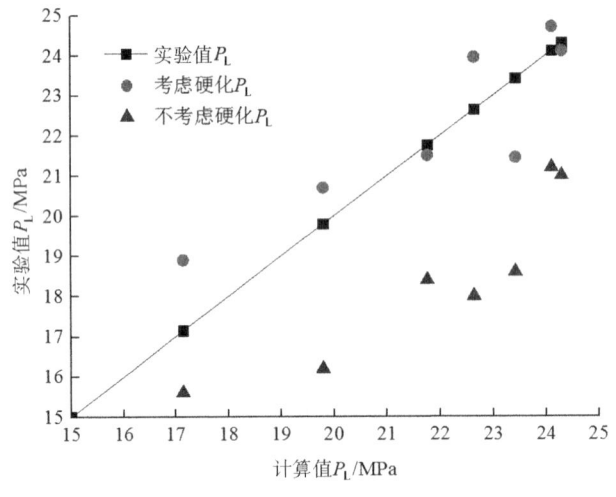

图 2-14 Choi 实验中的极限承载力

由表 2-6 和图 2-14 可见,不考虑应变硬化的极限承载力计算结果均显著小于实验值,与实验值的平均误差高达 15.63%。考虑应变硬化的 EPIA 计算结果在直线附近上下浮动,与实验值的平均误差为 4.77%,与实验值比较接近,可见考虑应变硬化的 EPIA 能得到精度更高的管道结构极限承载力。

管道失效参考应力即本构关系中的最大应力值,显著影响局部减薄压力管道极限承载力的计算值。从上述 Choi 实验的计算结果可以看出,当失效参考应力选取 $\sigma'_u$ 时,较多的极限承载力计算结果大于实验值。而 Choi 等建议 API

X65钢材的局部减薄水电站压力钢管失效参考应力取0.9倍的抗拉强度。苏晨亮等[81]收集了不同强度的钢材进行极限承载力计算,结果证明低强度钢材的局部减薄水电站压力钢管失效参考应力系数取0.9、高强度钢材的失效参考应力取1.0时,极限承载力与实验值接近且偏安全。

## 2.4 本章小结

本章从局部减薄模型建立、增量迭代方法、收敛准则及其参数选取、失效准则及其参数选取等方面,结合已有实验数据,研究并验证了适用于局部减薄水电站压力钢管极限承载力分析的弹塑性增量有限元数值模拟方法:

(1)进行此类管道极限承载力分析需要考虑材料的应变硬化:不考虑材料应变硬化的极限承载力与实验值的平均误差达15%以上;考虑材料应变硬化的极限承载力与实验值的平均误差在5%以内。

(2)建议采用真实应力—应变曲线进行此类管道的极限承载力分析:采用工程应力—应变曲线的极限承载力与Netto的结果误差可达13%以上;采用真实应力—应变曲线的极限承载力与Netto的结果误差在3%以内。

(3)建议此类低强度压力钢管失效参考应力取$0.9\sigma'_u$,高强度压力钢管取$\sigma'_u$($\sigma'_u$为钢材的真实抗拉强度),可使极限承载力的计算误差在4%以内。

# 第三章 局部减薄水电站压力钢管极限承载力影响因素研究

水电站压力钢管承受较大的内水压力、自身的重量和水重,与其他压力管道相比,管径较大,可达 10 m 以上;并且压力钢管两端埋设在镇墩中,两端的位移和转角受到约束。国内外学者主要研究压力容器、海底管道和油气管道等局部减薄结构的极限承载力,缺乏针对局部减薄水电站压力钢管的研究,因此开展局部减薄水电站压力钢管极限承载力研究具有重要的工程意义。

本章选取常用钢材 Q345D 作为中强度钢材代表,采用第二章的弹塑性增量法对局部减薄水电站压力钢管进行大量的计算分析,研究其失效机理及极限承载力影响因素,拟合得到适用于中高强压力钢管极限承载力的简化计算公式。

## 3.1 局部减薄水电站压力钢管计算模型

图 3-1 为局部减薄水电站压力钢管计算模型。局部减薄区域为矩形凹坑,置于跨中、管顶,且管道两端埋设在镇墩中。其管跨为 $L$,外半径 $R_0$ 为 1500 mm,内半径 $R_i$ 为 1480 mm,管壁厚度 $t$ 为 20 mm,其局部减薄参数分别为减薄轴向长度 $2A$、减薄环向长度 $2B$(对应 $2\theta$)和减薄深度 $C$。管材为 Q345D 钢材。屈服强度为 345 MPa,工程抗拉强度为 680.9 MPa,真实抗拉强度为 820.66 MPa,弹性模量为 $2.06 \times 10^5$ MPa,泊松比为 0.3。为充分考虑材料的应变硬化性能,本构模型[99]取图 3-3 中的真实应力—应变曲线。

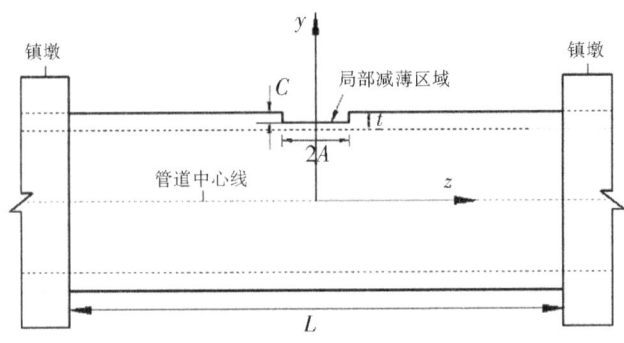

(a)计算模型的几何参数

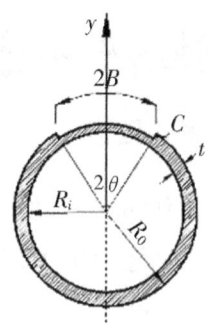

(b) 跨中断面图

图 3-1　局部减薄压力钢管计算模型

针对图 3-1 中的水电站压力钢管,采用 ANSYS 有限元软件进行结构建模和分析,并采用矩形凹坑模拟局部减薄区域。根据结构和荷载的对称性取 1/4 管段建立如图所示的有限元计算模型,单元采用 20 节点的 Solid95 单元。有限元模型和网格划分如图 3-2 所示。

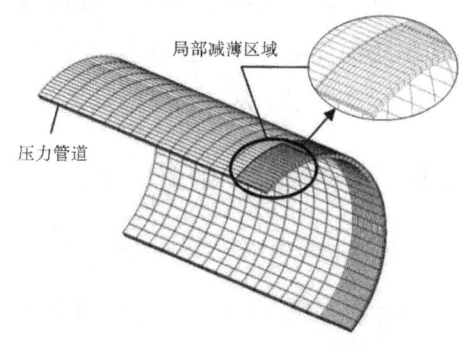

图 3-2　局部减薄压力钢管有限元模型和网格划分

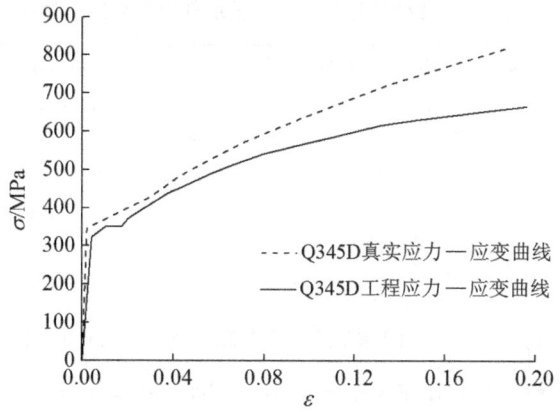

图 3-3　Q345D 钢材的应力—应变曲线

## 3.2 局部减薄压力钢管极限承载力的影响因素研究

### 3.2.1 极限承载力的主要影响因素

局部减薄压力钢管极限承载力与材料强度参数有关，也与管道减薄轴向长度 $2A$、环向长度 $2B$ 和深度 $C$ 等三个参数有关，还可能与管道跨度 $L$ 相关，则局部减薄压力钢管的极限承载力可表示为：

$$P_L = f(L, \sigma_f, A, B, C). \tag{3-1}$$

式中：$P_L$ 为局部减薄水电站压力钢管的极限承载力；$\sigma_f$ 为钢材强度参数。

为了使 $P_L$ 计算不受跨度和缺陷绝对尺寸的制约，对 $L$、$A$、$B$ 和 $C$ 做无量纲定义：

$$l = L/2R_o,\ a = A/\sqrt{R_o t},\ b = B/\pi R_o,\ c = C/t. \tag{3-2}$$

式中：$l, a, b$ 和 $c$ 分别为无量纲化的管道跨度、局部减薄轴向半长、环向半长和深度。则式（3-1）采用无量纲参数可表达为：

$$P_L = f(l, \sigma_f, a, b, c). \tag{3-3}$$

### 3.2.2 钢材强度参数对极限承载力的影响规律

钢材强度参数 $\sigma_f$ 对极限承载力 $P_L$ 的影响体现在无缺陷压力钢管极限承载力的计算方法上。文中针对与图 3-1 对应的无缺陷直管，对比了 4 种常用的极限承载力解析计算方法[24,38-40,100]和 EPIA 计算结果，如表 3-1 所示。

表 3-1 几种完好管道的极限承载力计算结果对比

| 计算方法 | 解析法 1[13] $1.1\sigma_y \dfrac{2t}{R_0}$ | 解析法 2[18] $\dfrac{2}{\sqrt{3}}\sigma_y \ln\left(\dfrac{R_0}{R_i}\right)$ | 解析法 3[25] $\dfrac{4}{(\sqrt{3})^{x+1}} \dfrac{t\sigma_u}{2R_0-t}$ | 解析法 4[26] $\dfrac{t\sigma_y[1+\ln(\varepsilon+1)]}{2^{0.239}[\sigma_y[1+\ln(\varepsilon+1)]/e^n(\sigma_y-1)]^{0.596} R_0}$ | 本文 EPIA |
|---|---|---|---|---|---|
| 结果/MPa | 9.83 | 5.347 | 9.274 | 9.063 | 9.281 |
| 误差/% | 5.91 | 42.40 | 0.08 | 2.34 | — |

由表 3-1 可知，以上 4 种解析法在无缺陷管道的极限承载力计算精度上有差异。其中，解析法 3 的计算结果比 EPIA 的计算结果误差更小，适用于水电站压力钢管极限承载力计算，因此我们选用解析法 3 计算 $P_0$：

$$P_0 = \frac{4}{(\sqrt{3})^{x+1}} \frac{t}{2R_0 - t} \sigma_u.  \qquad (3-4)$$

式中:$P_0$ 表示与具有局部减薄缺陷的压力钢管及尺寸相同的无缺陷管道的极限承载力。

### 3.2.3 局部减薄几何参数对极限承载力的影响规律

为揭示减薄轴向半长 $a$、环向半长 $b$ 和深度 $c$ 单独作用下 $P_L$ 的影响规律,取以下无量纲化的局部减薄几何参数计算方案:$a = 0.6$、$1.0$、$3.0$、$5.0$、$6.0$、$7.0$、$8.0$、$9.0$ 和 $10.0$,$b = 0.2$,$c = 0.5$;$a = 5.0$,$b = 0.02$、$0.08$、$0.10$、$0.20$、$0.30$、$0.40$、$0.50$、$0.60$ 和 $0.75$,$c = 0.5$;$a = 5.0$,$b = 0.25$,$c = 0.1$、$0.2$、$0.3$、$0.4$、$0.5$、$0.6$ 和 $0.7$。采用有限元模型求解相应管道的 $P_L$,结果如图 3-4 所示。

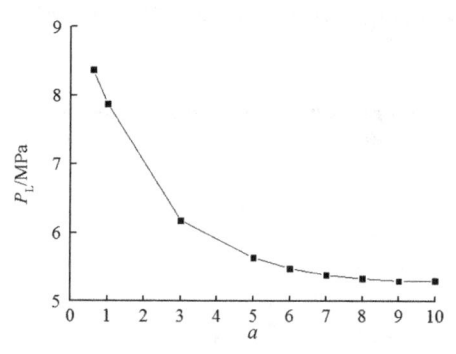
(a)减薄参数 $a$ 对极限承载力的影响规律

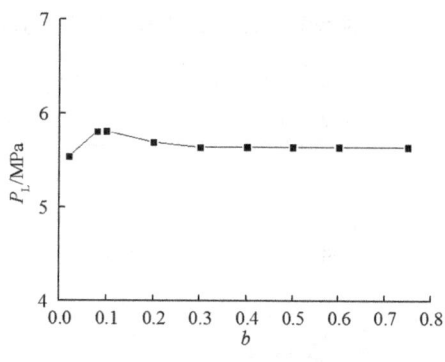
(b)减薄参数 $b$ 对极限承载力的影响规律

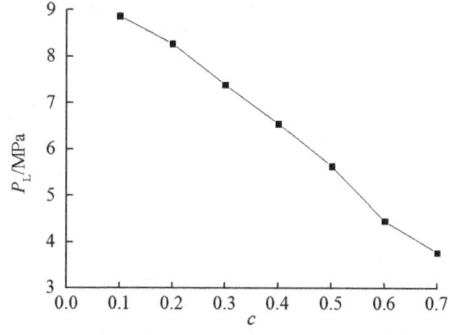
(c)减薄参数 $c$ 对极限承载力的影响规律

图 3-4 单个减薄参数对极限承载力的影响规律

由图 3-4 可知,不同的局部减薄参数对极限承载力的影响程度不一。其中:深度 $c$ 单独作用下的 $P_L$ 变化最为明显,其点线图的斜率最大且变化最小;

轴向长度 $a$ 对 $P_L$ 的影响程度仅次于 $c$，且影响规律为"先大后小"，即轴向长度 $a$ 小于 6 时，对 $P_L$ 的影响较大，增长到 6 之后对 $P_L$ 的影响基本可以忽略，前后斜率相差 200 多倍；环向宽度 $b$ 单独作用下的 $P_L$ 变化最小，其点线图的斜率基本保持不变。因此，减薄参数对极限承载力的影响按影响程度由大至小的顺序依次为 $c$、$a$、$b$。其中，$b$ 对极限承载力的影响较小，可忽略。

### 3.2.4 管道跨度对极限承载力的影响规律

减薄区域的无量纲轴向半长 $a$ 分别取 0.6、2.0、5.0 和 7.0，无量纲环向半长 $b$ 分别取 0.02、0.25 和 0.50，无量纲深度 $c$ 分别取 0.3、0.5 和 0.7。考虑水电站压力钢管的跨度有上限，通常采用 6 m~12 m，大多在 4 倍管道直径以内，使水重等引起的弯曲应力显著低于均布内压引起的环向应力。因此，文中仅研究无量纲跨度 $l$ 取 1、2、3 和 4 时对局部减薄水电站压力钢管的极限承载力的影响程度。计算结果如图 3-5 所示。

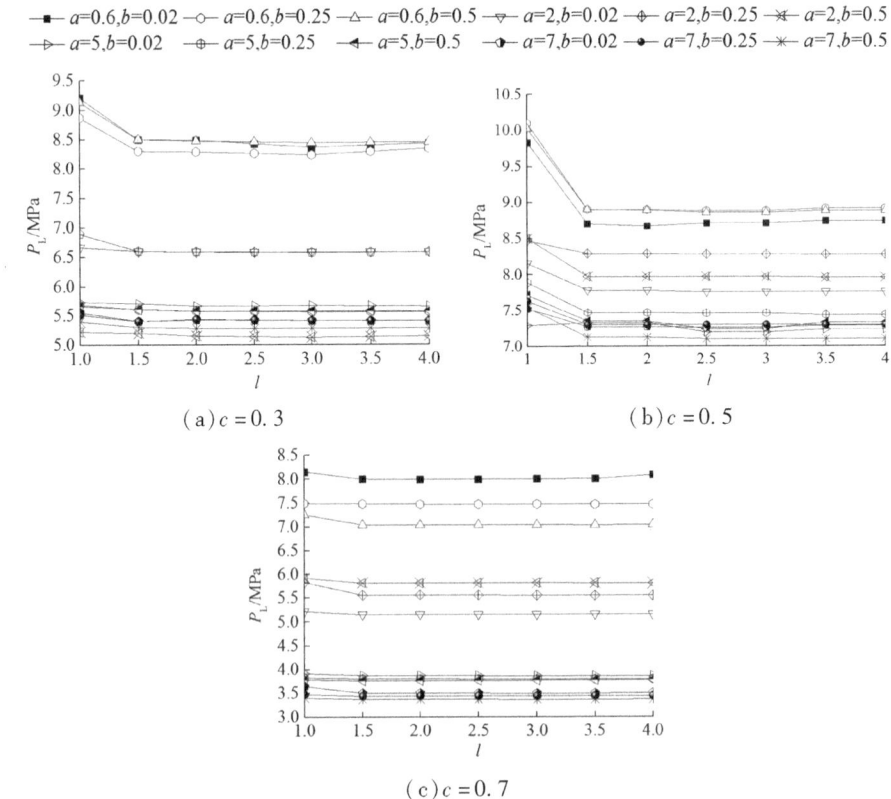

图 3-5 管道跨度对极限承载力的影响规律

由图 3-5 可知，$l$ 对 $P_L$ 的影响随 $c$ 值变化而有所区别：$c$ 取 0.3 和 0.5 时，$P_L$ 随 $l$ 增大而减小，减小数值可达 15% 以上，且减少趋势由较快趋缓；$c$ 取 0.7 时，$P_L$ 随 $l$ 增大的变化幅度很小，可以忽略不计。同时可见，当 $l>2$，即 $L>4R_0$ 时，$l$ 对 $P_L$ 的影响较小。上述结论似乎与一般性规律存在一定的差异，然而《小型水力发电站设计规范》(GB 50071—2014)[101] 第 5.5.46 中写道："两镇墩间管道可用支墩或管座支承，支墩间距宜采用 6 m～12 m。"根据该要求，水电站压力钢管的跨度在构造上有上限，通常采用 6 m～12 m，大多在 4 倍管道直径以内。因此，水重等引起的弯矩及其弯曲应力不会因为跨度过大而显著降低压力钢管的承载力。此外，《水电站压力钢管设计规范》(NB/T 35056—2015)[102] 第 3.2.6 条说明部分中写道："支墩间距与管径和壁厚有关，从控制管壁应力出发，可以用钢管跨中弯曲应力不超过 0.15 倍环向拉应力为参考依据。钢管跨中弯曲应力主要由水重等荷载造成的弯矩引起。"根据该条要求，设计水压下，水重等引起的钢管弯曲应力将低于 0.15 倍的水压引起的环向拉应力，即水重等引起的弯曲应力较设计水压引起的环向应力小很多。由于极限水压高于 2 倍设计水压，水重弯曲应力在极限承载状态下的影响较设计水压小，即水重等引起的弯曲应力较极限水压引起的环向拉应力比 0.15 倍更小，因此水重随管道跨度增大的不利影响可以忽略。

考虑到布置水电站压力钢管时通常采用 $l>2$ 的布置方式，因此可忽略管道跨度对 $P_L$ 的影响。下文计算分析中均取管长 $L=10$ m，即 $l=3.33$。

### 3.2.5 局部减薄几何参数联合作用对极限承载力的影响规律

减薄参数对含局部减薄管道的极限承载力的影响按大小排序分别为 $c$、$a$、$b$。为能更好地反映上述参数对结构极限承载力的影响规律，需对其进行定量表示。本章基于上述参数的有机组合，开展了大量的有限元计算分析，分别取以下无量纲化的局部减薄几何参数计算方案：$a=0.6$、1.0、3.0、5.0、6.0、7.0、8.0、9.0 和 10.0，$b=0.02$、0.08、0.10、0.20、0.30、0.40、0.50、0.60 和 0.75，$c=0.1$、0.2、0.3、0.5 和 0.7。结果如图 3-6 所示。

从 $P_L$-$a$-$b$ 空间中的计算结果可知：局部减薄轴向半长 $a$ 对极限承载力 $P_L$ 有影响。当 $a\leq 6$ 时，极限承载力 $P_L$ 随 $a$ 增大呈下降趋势；当 $a>6$ 时，$P_L$ 不再

随 $a$ 变化。局部减薄环向半长 $b$ 对极限承载力 $P_L$ 影响较小，极限承载力 $P_L$ 不随 $b$ 的变化而变化。从 $P_L$-$b$-$c$ 空间中的计算结果可知：局部减薄深度 $c$ 对极限承载力 $P_L$ 有影响，无论 $c$ 取何值，$P_L$ 与 $c$ 都呈负相关。

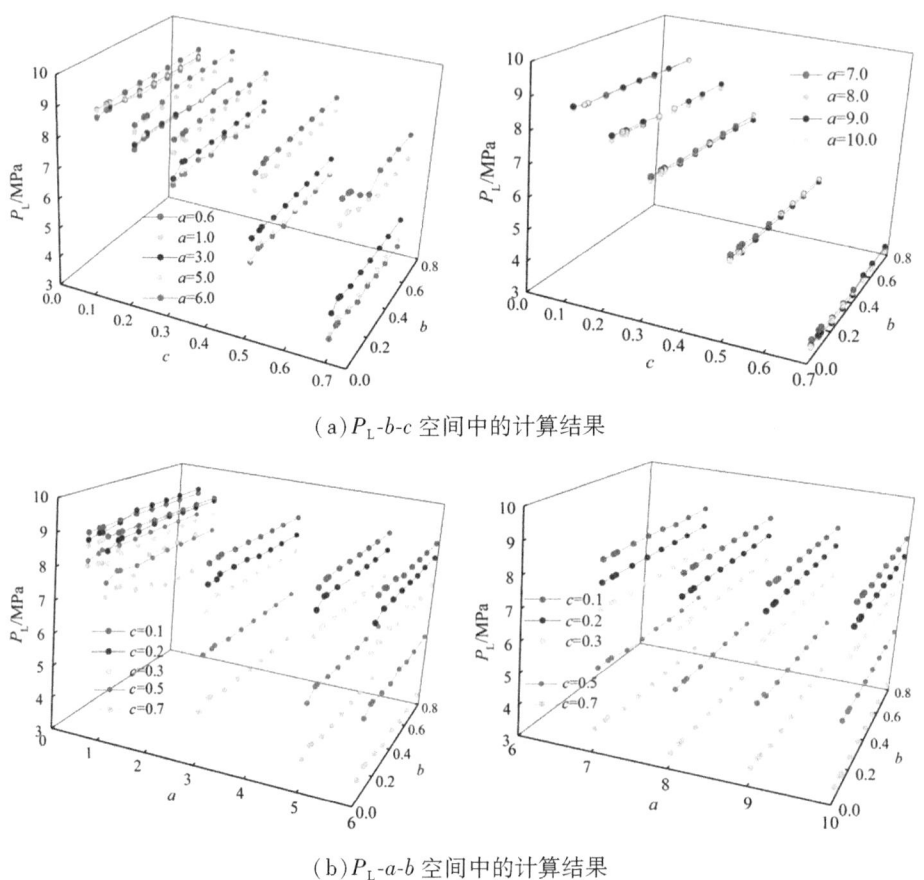

图 3-6　减薄参数联合作用对极限承载力的影响规律

由图 3-6 分析可知，各组 $P_L$ 的计算值随无量纲减薄环向半长 $b$ 变化非常小，即环向半长对局部减薄水电站压力钢管极限承载力的影响很小，可以忽略。各组 $P_L$ 的计算值随无量纲减薄深度 $c$ 变化最为明显，即减薄深度对局部减薄水电站压力钢管极限承载力的影响最大，需要着重考虑其影响规律。各组 $P_L$ 的计算值随无量纲纵向半长 $a$ 变化较大，$a=6$ 前后的规律有显著差别：$a<6$ 时，极限承载力随着无量纲减薄厚度 $c$ 的逐步增大呈阶梯式下降；$a>6$ 时，随着 $a$ 值的增大，极限承载力 $P_L$ 基本保持不变。因此，当 $a>6$ 时，可同时忽略参数 $a$ 和 $b$ 的影响。

## 3.3 局部减薄压力钢管极限承载力计算公式

根据前文中的四个参数对极限承载力的影响规律研究,可忽略参数 $b$ 和管道跨度对 $P_L$ 的影响,而考虑参数 $c$ 和 $a$ 的影响。其中,在 $a=6$ 处需分段考虑。依据对不同缺陷几何参数和管道跨度的计算数据,考虑到二次多项式具有多阶连续性的优点,采用最小二乘法拟合复合二次多项式函数形式的剩余强度系数 $r(a,c)$:

$$r = C_0 + C_1 a + C_2 a^2. \tag{3-5}$$

式中:$C_0$,$C_1$ 和 $C_2$ 为与 $c$ 有关的拟合系数函数。

在实际工程中,对于已运行 10 年的某一在役管道进行检测,可得表 3-2[103]。由文献[103]可知,输油管道轴向局部减薄的比例约占全长的 27%;由文献[81]可知,局部减薄轴向长度大于 100 mm,环向宽度大于 40°的大面积局部减薄区域占严重减薄缺陷($c>0.5$)的 97% 以上。根据以上文献,在本文的分段公式中,$a$ 从 0.6 开始取值,$a$ 取 0.6 即轴向局部减薄半长为 103.9 mm。当 $a$ 取 6 时,轴向局部减薄的比例约占全长的 20.3%。由文献[18]可知,$c>0.7$ 时的缺陷为高危缺陷,需要及时更换管道。因此,本文中的公式不考虑 $c>0.7$ 的情况,即公式的适用范围为 $c<0.7$。

表 3-2 在役 10 年管道的减薄参数

| 名称 | 分布特征 | 均值 |
| --- | --- | --- |
| 减薄深度 $C$/mm | 正态分布 | 3 |
| 减薄轴向半长 $A$/mm | 正态分布 | 100 |
| 管道外径 $R_o$/mm | 正态分布 | 625 |
| 管道壁厚 $t$/mm | 正态分布 | 10 |
| 材料屈服极限 $\sigma_y$/MPa | 对数正态分布 | 423 |

则计算公式拟合如下:

当 $0.6 < a \leq 6$ 且 $c < 0.7$ 时:

$$P_L = P_0 \cdot r_1 = \frac{4\sigma_u t}{(\sqrt{3})^{x+1}(2R_o - t)}(C_0 + C_1 a + C_2 a^2).$$

$$\begin{cases} C_0 = 0.832 + 0.763c - 0.931c^2 \\ C_1 = 0.112 - 0.720c + 0.426c^2 \\ C_2 = -0.012 + 0.076c - 0.050c^2 \end{cases} \quad (3-6)$$

当 $a > 6$ 且 $c < 0.7$ 时:

$$P_L = P_0 \cdot r_2 = \frac{4\sigma_u t(1.022 - 0.746c - 0.268c^2)}{(\sqrt{3})^{x+1}(2R_o - t)} \quad (3-7)$$

公式(3-6)的数据回归图如图3-7所示:

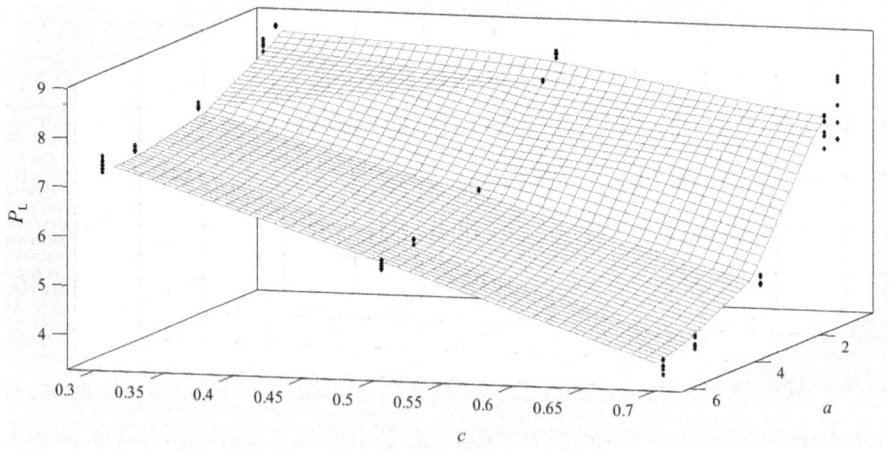

图 3-7 公式(3-6)的数据回归图

公式(3-7)的数据回归图如图3-8所示:

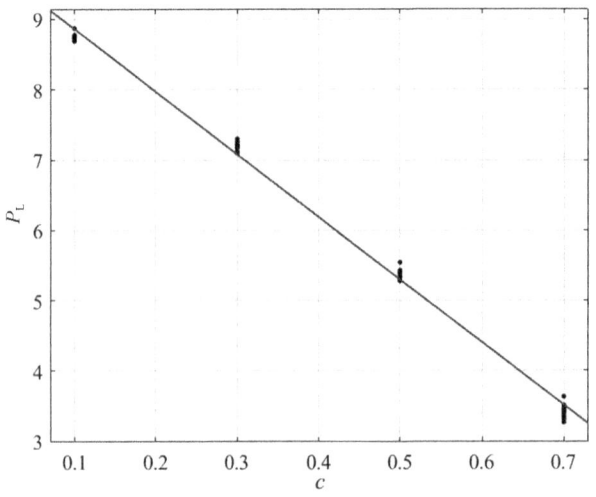

图 3-8 公式(3-7)的数据回归图

由图 3-7 和 3-8 可知:公式(3-6)数据回归的残差平方和为 4.71,相关系数为 0.972。公式(3-6)数据回归的残差平方和为 0.225,相关系数为 0.996。由此可见,本文中的计算公式的数据回归结果较理想。

为验证计算公式的可靠性,将该公式结果与 Original B31G、Modified B31G、B31G-2009、DNV-RP-F101、GB/T 19624—2004 等规范中的计算结果及 EPIA 结果进行对比。结果如图 3-9 所示。

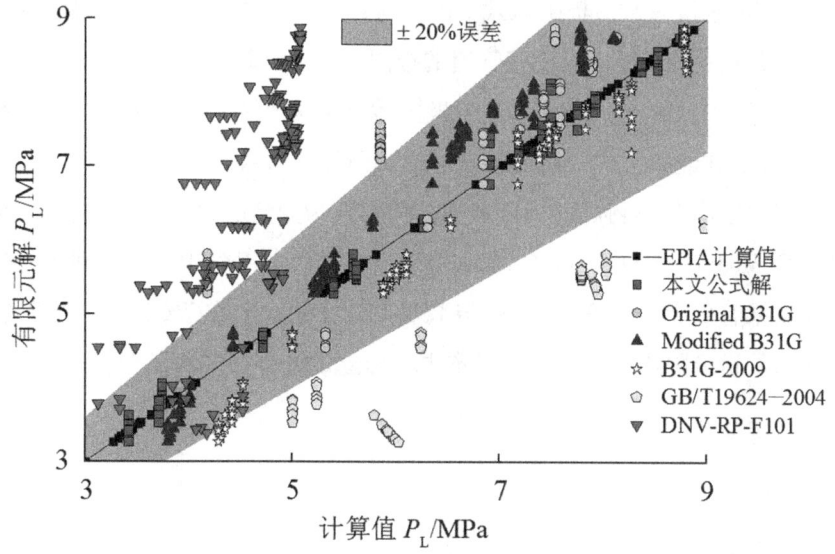

图 3-9　不同的极限承载力计算结果对比

从图 3-9 可知:美国的 Original B31G、Modified B31G、B31G-2009 规范的计算结果以及本文公式解都在灰色区域即有限元解的 ±20% 以内;挪威船级社 DNV-RP-F101 规范的计算结果整体偏危险;我国的 GB/T 19624—2004 规范的计算结果则偏保守;Original B31G 和 Modified B31G 的计算结果在有限元解附近波动,Modified B31G 规范的计算结果较前者精确度更高;B31G-2009 的解普遍在实线以下,对管道的极限承载能力的预测较保守;DNV-RP-F101 的计算结果整体高于 EPIA 的计算值,对管道的极限承载能力的预测偏危险;我国的 GB/T 19624—2004 的计算结果整体居于 EPIA 计算值以下,已考虑工程情况对承载力进行折减;本文中的计算结果与黑色实线吻合度最高,具有较高的计算精度。研究表明:本文中的计算方法更适用于预测局部减薄压力钢管的极限承载力,其结果与 EPIA 计算值较符合,二者的均方差为 0.156,相关系数为 0.997。

## 3.4　本章小结

（1）结合经实验验证的局部减薄水电站压力钢管计算模型开展了极限承载力计算方法研究，筛选出影响极限承载力的五个主要参数：管道跨度、钢材强度参数、减薄环向长度、减薄周向长度和减薄厚度。研究表明：当管道跨度大于2倍的外径时，可基本忽略管道跨度对管道承载能力的影响。

（2）钢材强度参数对极限承载力的影响体现在无缺陷光面管的极限承载力 $P_0$ 上，建议选用 Law 提出的完好管道的极限承载力计算公式。

（3）减薄参数 $a$、$b$、$c$ 均对管道的极限承载力有影响，影响程度由大到小分别为 $c$、$a$、$b$。在经验公式中需要重点考虑减薄深度参数 $c$ 的影响。

（4）建立了以材料强度、局部减薄几何参数为变量的 $P_L$ 计算公式，较 Original B31G、Modified B31G、B31G-2009、DNV-RP-F101、GB/T 19624—2004 等规范的计算结果有更高的精度。其中，与 B31G-2009 的误差在 7% 以内。推荐在水电站压力管道极限承载力分析中以本书所建立的计算公式为参考。

# 第四章 局部减薄水电站压力钢管失效模式和危险点预测研究

水电站压力钢管在高压水挟带的砂石的冲刷下及外界物质的腐蚀作用下,管壁常发生局部减薄现象,出现承载力降低和局部膨胀等问题。因此,开展局部减薄水电站压力管道的失效模式判定和危险点预测对其安全运行非常重要。

本章在研究管道极限承载力计算公式的基础上分析其塑性失效机理,通过对管道失效时的塑性区体积和应力分析结果提出了失效模式和危险点的量化标准,开展了单一影响参数下管道的失效机理研究以及多参数组合作用下管道的失效机理研究,并给出了失效模式和对应参数的量化关系;同时基于管道特征点应力分析结果,开展了管道失效时的危险点位置预测研究,给出了危险点位置和局部减薄参数的量化关系。

## 4.1 局部减薄水电站压力钢管失效模式和危险点预测方法

### 4.1.1 失效模式和危险点的判定依据

在不同的管道工况下,局部减薄水电站压力钢管的失效机理是不同的。基于现有理论分析和工程实例,我们考虑内水压力和自重作用这两个在钢管结构响应中最主要的影响因素,采用 EPIA 法对局部减薄水电站压力钢管进行逐步加载,研究其塑性失效机理。本章节中的失效机理研究涉及两个重要的判定:管道失效模式改变时的失效判定和失效时管面危险点的判定。管道失效模式改变时的失效判定包括整体失效和局部失效的判定方法。该判定方法是在对前文的 405 组 EPIA 计算结果的分析基础上得出的,分别见公式(4-1)和(4-2),以局部减薄管道失效时的塑性区体积与对应的完整管道失效时的塑性区体积比之为失效模式的量化指标。失效时管面危险点的判定方法见公式(4-3)。

整体失效：
$$V_L/V \geqslant 60\%. \quad (4-1)$$

局部失效：
$$V_L/V \leqslant 20\%. \quad (4-2)$$

式中：$V_L$ 为局部减薄管道失效时的塑性区体积；$V$ 为无缺陷管道失效时的塑性区体积。

采用式(4-3)判定失效时的管道危险点：
$$\sigma_d = \max\{\sigma_{\text{Mises}}^i\}, \ i=1,2,\cdots,N. \quad (4-3)$$

式中：$\sigma_d$ 为管道危险点的 Von Mises 应力；$\sigma_{\text{Mises}}^i$ 为第 $i$ 节点的 Von Mises 应力；$N$ 为节点总数。

### 4.1.2　失效模式和危险点的分析流程

局部减薄水电站压力钢管的失效模式和危险点的分析流程包括以下四个步骤：

(1)以局部减薄管道失效时的塑性区体积与对应的完整管道失效时的塑性区体积之比为失效模式的量化指标，建立失效模式两级判定方法；

(2)以局部减薄管道失效时局部减薄区域的应力最大为判定依据，建立失效危险的判定方法；

(3)遴选出减薄几何参数以及管道跨度参数，分析了上述参数对失效模式的影响规律，建立了减薄几何参数和失效模式的对应关系；

(4)分析了管道特征点的应力分布，揭示了含缺陷管道失效时可能的失效模式和失效时的危险点位置和局部减薄参数之间的对应关系。

计算分析流程图如 4-1 所示。

# 第四章 局部减薄水电站压力钢管失效模式和危险点预测研究

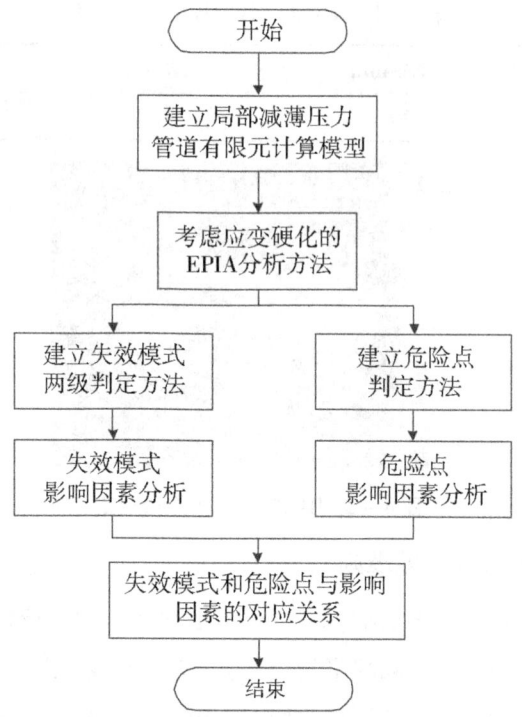

图 4-1 失效模式和危险点研究流程图

## 4.2 失效模式和危险点预测方法验证

### 4.2.1 Benjamin 爆破实验

#### 4.2.1.1 试件参数

选取 Benjamin 实验[103]的 IDTS2 试件,管材采用 API X80 钢,材料屈服强度和抗拉强度分别为 534.1 MPa 和 713.8 MPa,弹性模量为 $2.0 \times 10^5$ MPa,泊松比为 0.3。IDTS2 试件长度 $L = 1.7$ m,外径 $R_0 = 458.8$ mm,管壁厚度 $t = 8.1$ mm。IDTS2 试件的局部减薄尺寸如表 4-1 所示。图 4-2 是 IDTS2 试件的缺陷位置俯视图。考虑到内压的作用,在其对称面上施加对称约束,在镇墩处施加固端约束。

表 4-1  IDTS2 试件的局部减薄尺寸

| 试件 | 2A/mm | 2B/mm | C/mm |
|---|---|---|---|
| IDTS2 | 39.6 | 31.9 | 5.39 |

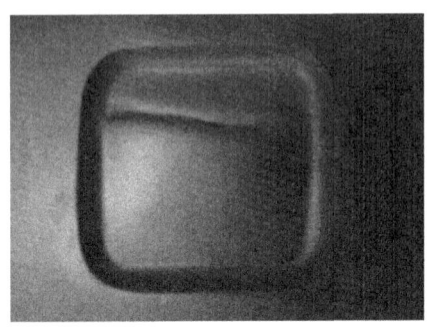

图 4-2  IDTS2 试件的矩形缺陷

#### 4.2.1.2  本构关系及失效准则

Benjamin 等为确定 X80 钢材的性能,取了 6 个试件进行拉伸实验。基于每个试件确定的单个曲线得到的"平均"应力—应变曲线如图 4-3 所示。该图显示了材料的真实应力—应变"平均"曲线和相应的工程曲线,同时给出了描述这个真实应力—应变曲线的 R-O 方程,其失效准则采用的是应力失效准则,认为需要考虑材料应变硬化的影响。当局部减薄区的 Von Mises 等效应力超过钢材的真实抗拉强度时,管道发生失效和破坏。

$$\varepsilon^* = \frac{\sigma^*}{E} + 0.0788174 \left( \frac{\sigma^*}{\sigma_u^*} \right). \tag{4-4}$$

式中:$\varepsilon^*$ 为真应力;$\sigma^*$ 为真应变;$\sigma_u^*$ 为真实抗拉强度。

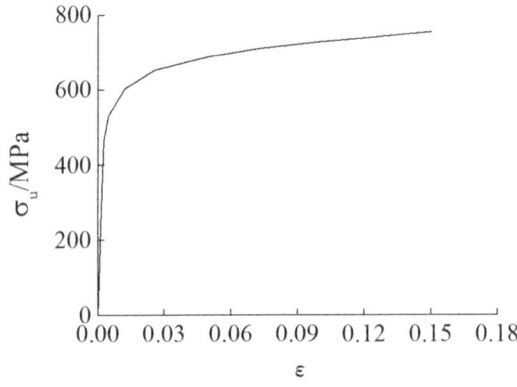

图 4-3  X80 钢材的应力—应变曲线

### 4.2.1.3 失效模式对比分析与验证

为对本章节中的失效模式分析方法进行对比分析和验证，我们采用 EPIA 法得到 IDTS2 试件的极限承载力计算结果(见表 4-2)。管道失效时的破坏模式和应力分布如图 4-4 所示。在应力分布图中，灰色部分的应力值最大。

由表 4-2 可知，本文中的极限承载力计算结果与实验结果较相符，误差为 3%。由图 4-4 分析可知：Benjamin 计算的应力分布结果、本文计算的应力分布结果和文献[13]计算的应力分布结果中，应力均集中于管道轴线的无减薄区域附近，与实验的破坏结果和失效模式基本保持一致：失效区域局限于减薄区域的部分小范围内，管道失效时塑性区体积与管道局部减薄区域体积之比仅为 12.1%，为局部破坏，危险点出现在平行于减薄轴向边界的近无减薄区域附近。

表 4-2 IDTS2 试件的极限承载力计算结果

| 试件 | $2A$/mm | $2B$/mm | $C$/mm | $P_{exp}$/MPa | $P_{FEM}$/MPa | Error/% |
| --- | --- | --- | --- | --- | --- | --- |
| IDTS2 | 39.6 | 31.9 | 5.39 | 22.68 | 22.0 | 3 |

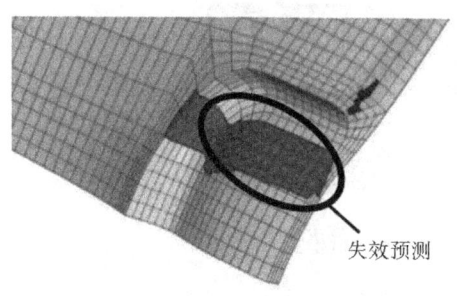
(a) Benjamin[103]计算的应力分布

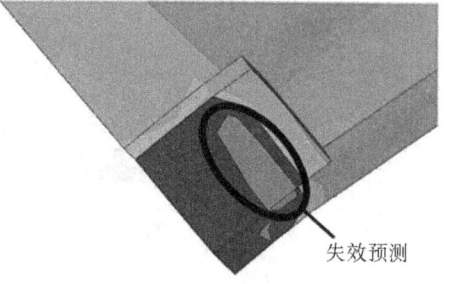
(b) 本文计算的应力分布

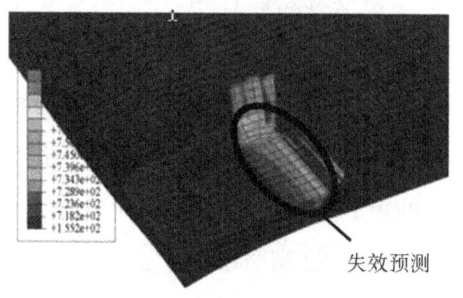
(c) 陈严飞[12]计算的应力分布

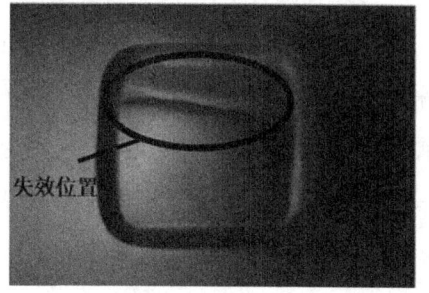
(d) IDTS2 试件的失效模式

图 4-4 IDTS2 试件失效的应力分布和失效模式

### 4.2.2 Choi 爆破实验

#### 4.2.2.1 试件参数

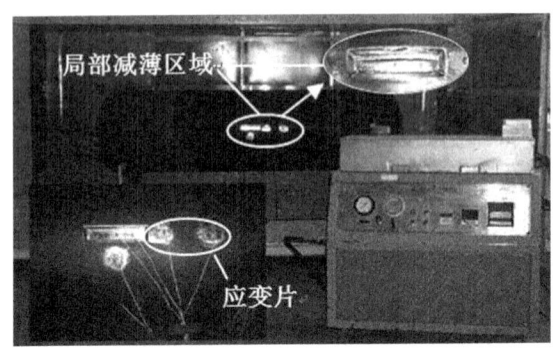

图 4-5 LA 试件

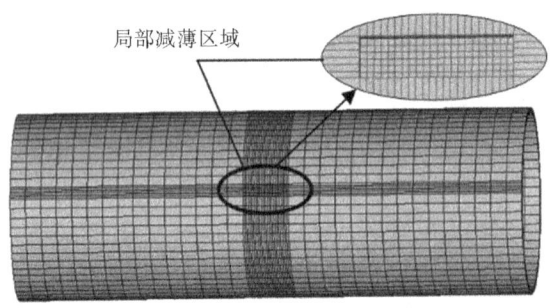

图 4-6 LA 试件的有限元分析模型

为充分说明本文中的模型能够正确地预估危险点位置和破坏模式，选取 Choi 含缺陷管道极限承载力实验中的 LA 试件作为分析对象。LA 试件的管材采用的是 API X65 钢，材料的屈服强度和抗拉强度分别为 465 MPa 和 565 MPa，弹性模量为 $2.06 \times 10^5$ MPa，泊松比为 0.3。LA 试件的长度 $L=2.3$ m，外径 $R_0=762$ mm，管壁厚度 $t=17.5$ mm。LA 试件的矩形减薄参数如表 4-3 所示。考虑到内压的存在，我们在其对称面上施加对称约束，在镇墩位置施加固端约束。

#### 4.2.2.2 本构关系及失效准则

API X65 本构模型如图 4-7 所示，其失效准则采用应力失效准则。当减薄区域的 Von Mises 等效应力超过材料的抗拉强度时,可以认为管道失效、破坏。

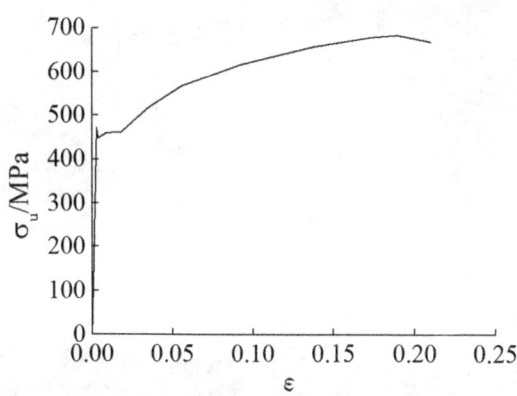

图 4-7　LA 试件钢材的应力—应变曲线

### 4.2.2.3　失效模式对比分析与验证

为进一步验证本文中的失效模式分析方法的有效性,开展 LA 试件极限承载力的实验结果与有限元解的对比分析,结果如表 4-3 所示。管道失效时的破坏模式和应力分布如图 4-8 所示。在应力分布图中,灰色部分的应力值最大。

表 4-3　LA 试件[6]的极限承载力计算结果

| 试件 | 2A/mm | 2B/mm | C/mm | $P_{Choi}$/MPa | $P_{FEM}$/MPa | Error/% |
|---|---|---|---|---|---|---|
| LA | 100 | 50 | 8.8 | 24.30 | 24.10 | 0.82 |

由表 4-3 可知,本文中的极限承载力计算结果与实验结果较为相符,误差为 0.82%。同时由图 4-8 可知,Choi 计算的应力分布结果和本文计算的应力分布结果中,应力均集中于局部减薄中心的部分区域,与实验的破坏区域和破坏模式基本一致。研究表明:失效区域从减薄区域的中心开始,沿减薄环向和轴向发展,最终导致整个管道失效爆裂,管道失效时的塑性区体积与管道局部减薄区域体积之比超过 60%,达 91.2%,整个管道除镇墩外基本全部进入塑性状态,为整体破坏。危险点出现在减薄区域中心外侧。

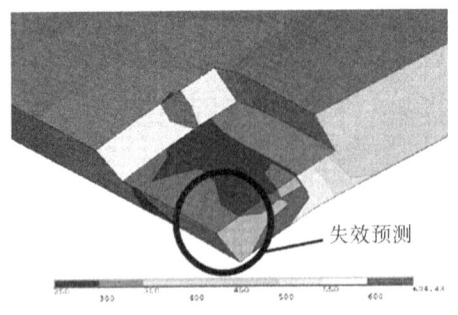
(a)本文计算的应力分布

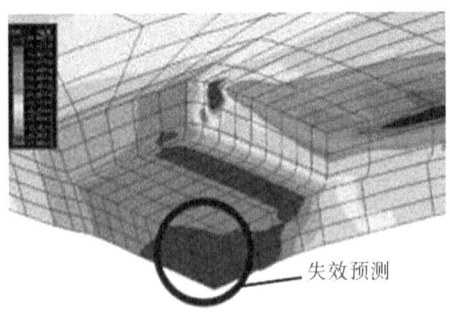
(b)Choi 计算的应力分布

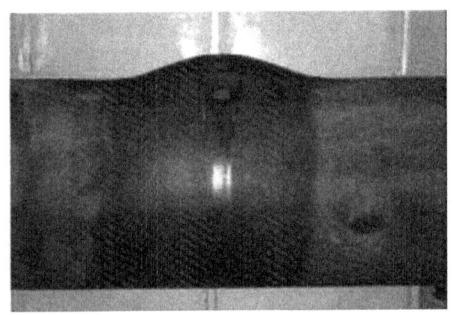
(c)LA 失效试件的侧视图

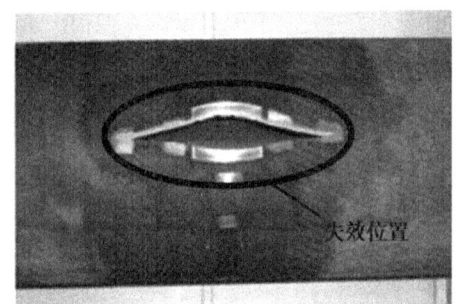
(d)LA 失效试件的失效位置

图 4-8　LA 试件失效时的应力分布和失效模式

## 4.3　局部减薄水电站压力钢管失效模式的影响因素研究

### 4.3.1　局部减薄几何参数对失效模式的影响

为揭示减薄轴向半长 $a$、环向半长 $b$ 和深度 $c$ 单独作用下 $P_L$ 的影响规律，取以下无量纲化的局部减薄几何参数计算方案：$a=1.0、2.0、3.0、4.0、5.0、6.0、7.0、8.0、9.0、10.0$，$b=0.2$，$c=0.5$；$a=5.0$，$b=0.1、0.2、0.3、0.4、0.5、0.6、0.7、0.8$，$c=0.5$；$a=5.0$，$b=0.2$，$c=0.1、0.2、0.3、0.4、0.5、0.6、0.7、0.8$，结果如图 4-9 所示。其中：点划线为整体失效量化指标的下限；虚线为局部失效量化指标的上限。$a\leqslant7.0$

由图 4-9 可知：随着局部减薄环向宽度 $b$ 的增长，局部减薄压力钢管塑性区所占百分比基本保持不变，因此判定参数 $b$ 对失效模式的影响可忽略；在减薄轴向长度 $a\leqslant7.0$ 或减薄深度 $c\leqslant0.5$ 时，参数 $a$、$c$ 的变化对失效模式的影响不大；当局部减薄参数 $a>7.0$ 时，减薄压力钢管塑性区所占百分比开始下降，但幅度不大,依然满足公式(4-1)对于减薄压力钢管整体失效的判定要求。同时,$c$ 在取值 0.5 前后的规律有显著差别,减薄压力钢管塑性区所占百分比大幅下降,失效模式由整体失效转变为局部失效。

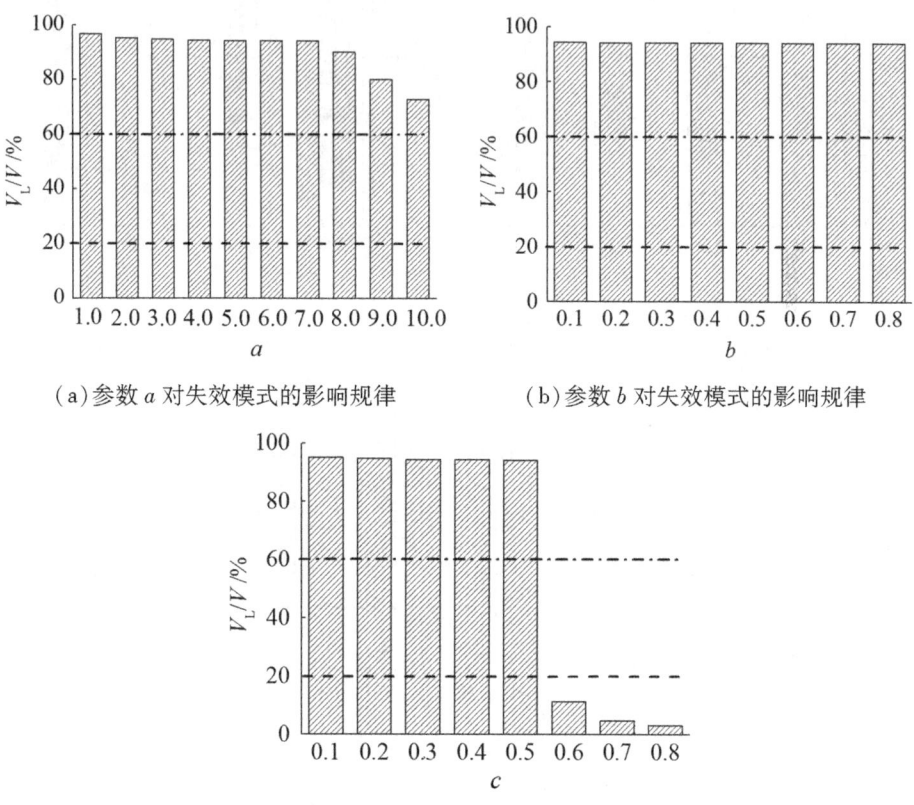

图 4-9 单个局部减薄参数对失效模式的影响规律

## 4.3.2 管道跨度对失效模式的影响

水电站压力钢管的跨度通常为 6 m～12 m,大多在 4 倍的管道直径以内,使水重等引起的弯曲应力显著低于均布内压引起的环向应力。因此,文中仅研究无量纲跨度 $l$ 取 1.0、2.0、3.0、4.0 时管道长度对局部减薄水电站压力钢管极限承载力的影响,计算结果如图 4-10。其中:点划线为整体失效量化指标的下限;虚线为局部失效量化指标的上限。此时,减薄区域的无量纲轴向半长 $a$ 分别取 0.6、2.0、5.0 和 7.0,无量纲深度 $c$ 分别取 0.3、0.5 和 0.7。因减薄环向长度 $b$ 对失效模式影响不大,故计算中 $b$ 的取值为 0.2。

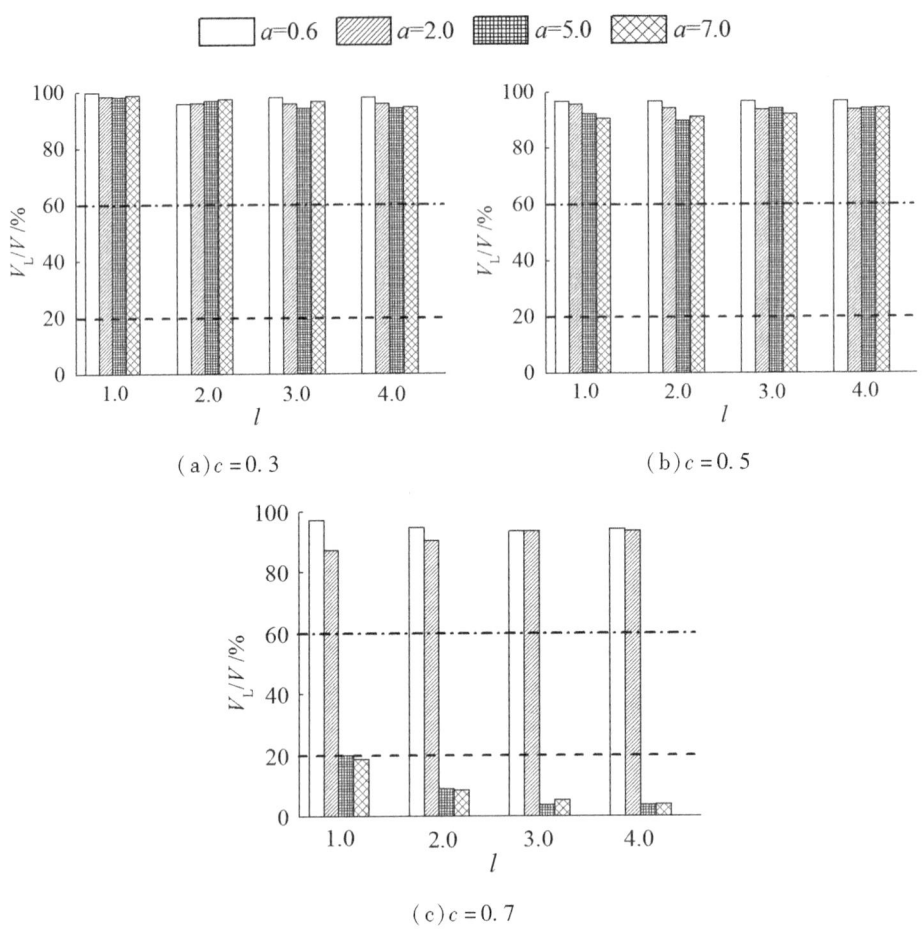

图 4-10 管道跨度对失效模式的影响规律

由图 4-10 可知，当 $c=0.7$ 且 $l=3.0$ 或 $4.0$ 时，$V_L/V$ 均不超过局部失效量化指标的上限，为局部失效模式，且随 $a$ 的增大，$V_L/V$ 进一步减小。总体而言，管道跨度对失效模式的影响并不显著，原因是在有限的管长下跨中水重产生的弯曲应力远小于内压产生的拉应力对管道应力分布和失效模式的影响。此时，弯曲应力不起控制作用，所以在满足相关管道设计规范的前提下，可不考虑管道跨度对局部减薄管道失效模式的影响。

### 4.3.3 局部减薄几何参数联合作用对失效模式的影响

根据前述影响规律研究，仅考虑参数 $a$、$c$ 对压力钢管失效模式的联合作用。取以下无量纲化的局部减薄几何参数计算方案：$a=0.6$、1.0、2.0、3.0、

4.0、5.0、6.0、7.0、8.0、9.0 和 10.0，$b=0.2$，$c=0.1$、0.2、0.3、0.4、0.5、0.6、0.7、0.8 和 0.9。结果如图 4-11 和表 4-4 所示。

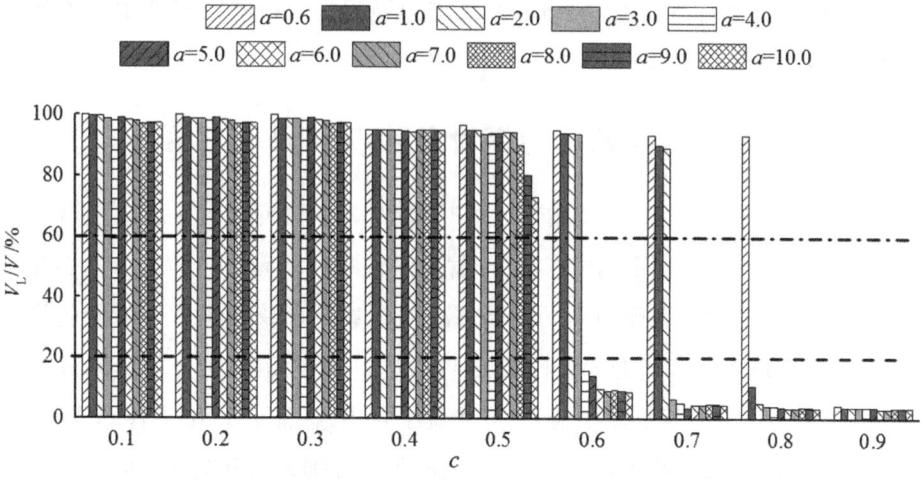

图 4-11　局部减薄参数联合作用下压力钢管的失效模式

表 4-4　局部减薄参数和失效模式的对应关系

| $V_L/V$ | $c=0.1$ | $c=0.2$ | $c=0.3$ | $c=0.4$ | $c=0.5$ | $c=0.6$ | $c=0.7$ | $c=0.8$ | $c=0.9$ |
|---|---|---|---|---|---|---|---|---|---|
| $a=0.6$ | 100.00% | 100.00% | 100.00% | 95.04% | 96.71% | 95.10% | 93.43% | 93.50% | 4.56% |
| $a=1.0$ | 99.89% | 99.00% | 98.89% | 95.26% | 95.29% | 94.25% | 90.17% | 10.83% | 10.83% |
| $a=2.0$ | 99.81% | 98.77% | 98.78% | 95.12% | 95.12% | 94.25% | 89.13% | ≤5% | ≤5% |
| $a=3.0$ | 98.78% | 98.78% | 98.78% | 95.26% | 93.87% | 93.76% | 6.71% | ≤5% | ≤5% |
| $a=4.0$ | 98.22% | 98.22% | 98.22% | 95.26% | 94.07% | 15.87% | 5.38% | ≤5% | ≤5% |
| $a=5.0$ | 99.10% | 99.10% | 99.10% | 94.95% | 94.24% | 14.41% | 3.85% | ≤5% | ≤5% |
| $a=6.0$ | 98.40% | 98.40% | 98.40% | 94.61% | 94.39% | 10.06% | 4.66% | ≤5% | ≤5% |
| $a=7.0$ | 98.00% | 98.00% | 98.00% | 95.04% | 94.56% | 9.44% | 4.63% | ≤5% | ≤5% |
| $a=8.0$ | 97.22% | 97.22% | 97.22% | 95.04% | 90.26% | 9.52% | 4.94% | ≤5% | ≤5% |
| $a=9.0$ | 97.39% | 97.39% | 97.39% | 95.26% | 80.30% | 9.33% | 4.89% | ≤5% | ≤5% |
| $a=10.0$ | 97.39% | 97.39% | 97.39% | 95.26% | 73.10% | 8.90% | 4.80% | ≤5% | ≤5% |
| …… | …… | …… | …… | …… | …… | …… | …… | …… | …… |
| $\dfrac{l}{2\sqrt{R_0 t}}$ | 99.57% | 99.56% | 99.46% | 98.77% | 81.41% | 21.79% | 11.69% | ≤5% | ≤5% |

由图 4-11 和表 4-4 可知，在 $c\leqslant 0.5$ 时，$V_L/V$ 均大于 60%，均为整体失效模式。当 $c\geqslant 0.6$，$a\geqslant 4.0$ 时，为局部失效模式；$a\leqslant 3.0$ 时，参数 $c=0.6$ 的减薄

管为整体失效模式，$c=0.9$ 的减薄管为局部失效模式，而 $c=0.7$ 的减薄管除 $a \geqslant 3.0$ 外为整体失效模式，$c=0.8$ 的减薄管除 $a=0.6$ 外为局部失效模式。局部减薄参数 $c \geqslant 0.9$ 时，$V_L/V$ 均小于 20%，均为局部失效模式。其余中间参数的 $V_L/V$ 可用插值法判定。

## 4.4 局部减薄水电站压力钢管危险点预测

局部减薄深度、局部减薄轴向长度以及局部减薄环向长度是含矩形减薄管道的三个重要参数。在不同的参数下，管道沿轴向和环向方向的应力大小及其分布规律有所不同。为预测不同的局部减薄参数下含缺陷压力钢管的危险点位置，本文选取 1/4 管道的 5 个特征点 $A$、$B$、$C$、$D$ 和 $E$，对特征点及其附近位置的 Mises 应力进行分析。其中，特征点 $A$ 位于管中，特征点 $C$ 位于管端，特征点 $E$ 和 $A$ 同时处于同一对称截面上，特征点 $B$ 和 $D$ 分别为局部减薄轴向外边界线和环向外边界线与对称截面的交点，如图 4-12 所示。研究从特征点 $A$ 沿轴向到特征点 $C$ 以及从特征点 $A$ 沿环向到特征点 $E$ 的 Mises 应力分布，对应的内层特征点分别记为 $A_1$、$B_1$、$C_1$、$D_1$ 和 $E_1$。

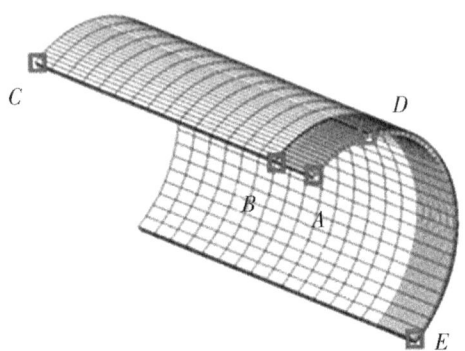

图 4-12 局部减薄压力钢管的特征点选取

### 4.4.1 局部减薄参数对管道外侧危险点的影响

#### 4.4.1.1 局部减薄轴向长度对管道外侧危险点的影响

为揭示局部减薄轴向长度 $a$ 对含缺陷压力钢管外侧特征点应力的影响规律，取以下几何参数计算方案：$a=0.6$、1.0、3.0、4.0、5.0、6.0、7.0、8.0、9.0、10.0，$b=0.25$，$c=0.5$。

从图4-13中可以看出：在不同的无量纲化减薄轴向长度 $a$ 的影响下,危险点出现在 $A$ 和 $D$ 点,即此处的应力最大。$B$ 点的应力次之,$C$ 点和 $E$ 点的应力最小。随着局部减薄深度 $a$ 的不断增加,点 $A$ 的应力反而下降,危险点也由 $D$ 点与 $A$ 点变为 $D$ 点。当 $a\leqslant 0.6$ 时,危险点同时出现在 $A$ 点和 $D$ 点附近;而当 $a>0.6$ 时,危险点仅出现在 $D$ 点附近。局部减薄外的大面积区域的应力基本不变,应力的大小与 $a$ 呈正相关。当 $a<4.0$ 时,局部减薄外的大面积区域基本处于弹性阶段,此时管道破坏主要是因为减薄区域受压产生了过大的变形。而减薄区域外的大部分区域并没有达到屈服极限,仍可继续承载,属于受压区域局部垮塌破坏。当 $a\geqslant 4.0$ 时,管面进入塑性阶段,内压在减薄区域产生的应力仍较大,故减薄区域先发生破坏;接着,失效继续向外扩张,导致结构产生整体垮塌破坏。分析表明,减薄轴向长度 $a$ 显著影响危险点的位置,需要考虑参数 $a$ 对管道危险点的影响。

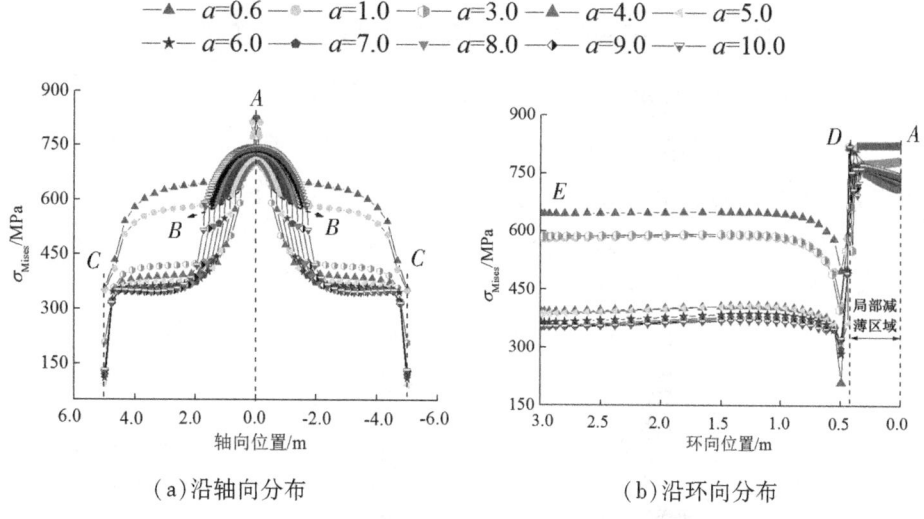

(a) 沿轴向分布　　　　　　(b) 沿环向分布

图4-13　减薄轴向长度 $a$ 对管道外侧 Mises 应力分布的影响

## 4.4.1.2　局部减薄环向长度对管道外侧危险点的影响

为揭示局部减薄环向长度 $b$ 对含缺陷压力钢管外侧特征点应力的影响规律,取以下几何参数计算方案：$a=5$,$c=0.5$,$b=0.08$、$0.1$、$0.2$、$0.3$、$0.5$、$0.6$。

从图4-14中可以看出,在不同的无量纲化减薄环向长度 $b$ 的影响下,危险点出现在 $D$ 点,即此处的应力最大。$A$ 点和 $B$ 点的应力次之,$C$ 点和 $E$ 点的应力最小。随着局部减薄深度 $b$ 的不断增加,危险点仍出现在 $D$ 点。局部减薄外的大面积区域的应力基本不变,应力的大小与 $b$ 的改变无关。分析表明,减薄环向长度 $b$ 不影响危险点的位置,可不考虑参数 $b$ 对管道危险点的影响。

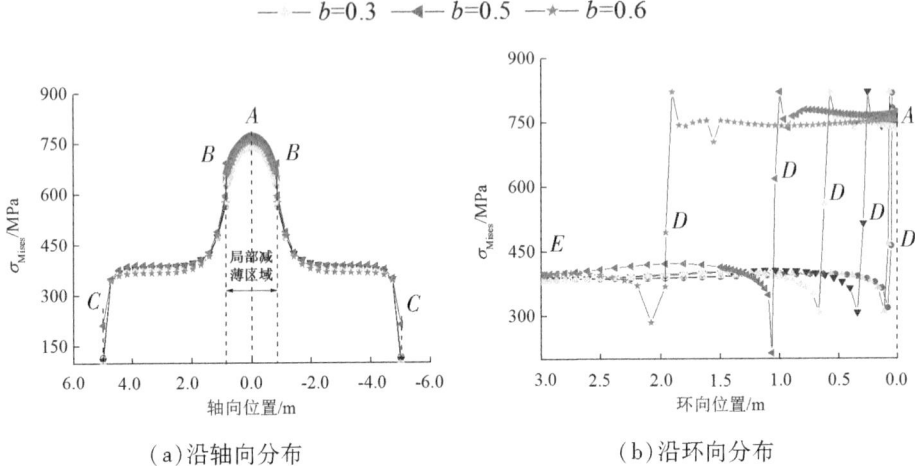

(a)沿轴向分布　　　　　　　　(b)沿环向分布

图 4-14　减薄环向长度 $b$ 对管道外侧 Mises 应力分布的影响

#### 4.4.1.3　局部减薄深度对管道外侧危险点的影响

为揭示局部减薄深度 $c$ 对含缺陷压力钢管外侧特征点应力的影响规律,取以下几何参数计算方案:$a=5$,$b=0.25$,$c=0.3$、$0.4$、$0.5$、$0.6$、$0.7$、$0.8$。

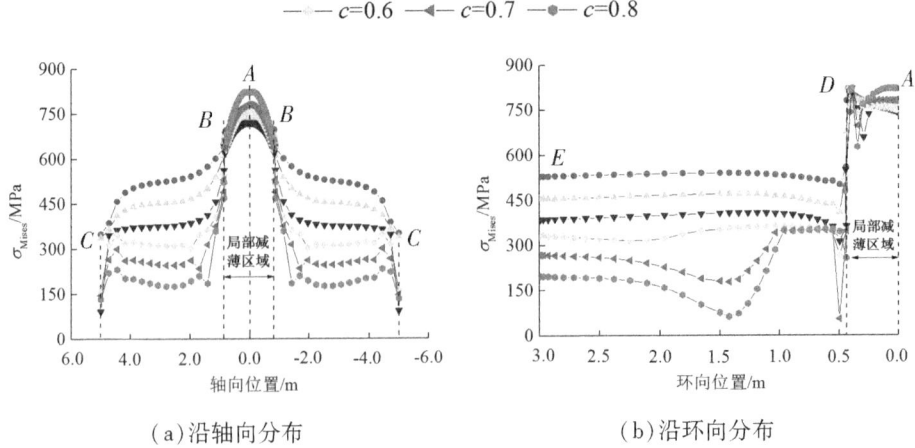

(a)沿轴向分布　　　　　　　　(b)沿环向分布

图 4-15　减薄深度 $c$ 对管道外侧 Mises 应力分布的影响

从图 4-15 中可以看出,由于应力集中现象的出现,危险点出现在 $D$ 点,即此处的应力最大。$A$ 点与 $B$ 点的应力次之,$E$ 点和 $C$ 点的应力最小。随着局部

减薄深度 $c$ 的不断增加，$A$ 点的应力也随之增大，危险点也由 $D$ 点发展到了 $D$ 点和 $A$ 点。当 $c>0.7$ 时，危险点同时出现在 $A$ 点和 $D$ 点附近；而当 $c\leqslant 0.7$ 时，危险点仅出现在 $D$ 点附近。局部减薄区域外的大面积区域的应力基本不变，应力的大小与 $c$ 呈负相关，即 $c$ 越大越容易发生局部破坏。当 $c>0.6$ 时，局部减薄区域外的大面积区域基本处于弹性阶段，此时管道破坏主要是由于减薄区域受压，产生了过大的变形，无法继续服役。而减薄区域外的大部分区域并没有达到屈服极限，仍可继续承载，属于受压区域局部垮塌破坏。当 $c=0.6$ 时，管面应力基本达到屈服强度 345 MPa。当 $c<0.6$ 时，管面进入塑性阶段，内压在减薄区域产生的应力仍较大，故减薄区域先发生破坏。局部减薄管失效主要是因为减薄区域外的大部分区域已达到屈服极限，属于整体垮塌破坏。分析表明，减薄深度 $c$ 显著影响危险点的位置，需要考虑参数 $c$ 对管道危险点的影响。

表 4-5　局部减薄参数与管道外侧危险点位置的对应关系

| 减薄深度 $c$ | 减薄轴向长度 $a$ | 危险点位置 |
| --- | --- | --- |
| $c\leqslant 0.7$ | $a>0.6$ | $D$ 点附近 |
| $c\leqslant 0.7$ | $a\leqslant 0.6$ | $D$ 点附近和 $A$ 点 |
| $c>0.7$ | — | $D$ 点附近和 $A$ 点 |

由表 4-5 可知，在不同的局部减薄参数下，危险点的位置不同。当局部减薄深度 $c>0.7$ 时，危险点应同时出现在 $A$ 点和 $D$ 点附近；当局部减薄深度 $c\leqslant 0.7$ 时，危险点的位置根据减薄轴向长度 $a$ 的取值可能出现在不同的位置。研究表明，为了保障管道运行安全，需要关注减薄中心和减薄轴向长度附近的承载状态，以预防由危险点引发的管道失效问题。

### 4.4.2　局部减薄参数对管道内侧危险点的影响

#### 4.4.2.1　局部减薄轴向长度对管道内侧危险点的影响

为揭示局部减薄轴向长度 $a$ 对含缺陷压力钢管内侧特征点应力的影响规律，取以下几何参数计算方案：$a=0.6$、$1.0$、$3.0$、$4.0$、$5.0$、$6.0$、$7.0$、$8.0$、$9.0$、$10.0$，$b=0.25$，$c=0.5$。

从图 4-16 中可以看出，在不同的无量纲化减薄轴向长度 $a$ 的影响下，内侧危险点出现在 $A_1$ 点和 $D_1$ 点，即此处的应力最大。$B_1$ 点的应力次之，$C_1$ 点和

$E_1$ 点的应力最小。随着局部减薄深度 $a$ 的不断增加，$A_1$ 点的应力反而下降，危险点也由 $D_1$ 点与 $A_1$ 点变为 $D_1$ 点。当 $a \leq 0.6$ 时，危险点同时出现在 $D_1$ 点附近和 $A_1$ 点；而当 $a > 0.6$ 时，危险点仅出现在 $D_1$ 点附近。局部减薄区域外的大面积区域的应力基本不变，应力的大小与 $a$ 呈正相关。当 $a < 3.0$ 时，局部减薄区域外的大面积区域基本处于弹性阶段，此时管道破坏主要是由于减薄区域受压产生了过大的变形，无法继续服役。而减薄区域外的大部分区域并没有达到屈服极限，仍可继续承载，属于受压区域局部垮塌破坏。当 $a \geq 3.0$ 时，管面进入塑性阶段，内压在减薄区域产生的应力仍较大，故减薄区域先发生破坏；接着失效继续向外扩张，导致结构产生整体垮塌破坏。分析表明，减薄轴向长度 $a$ 显著影响危险点的位置，需要考虑参数 $a$ 对管道危险点的影响。

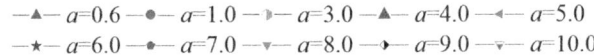

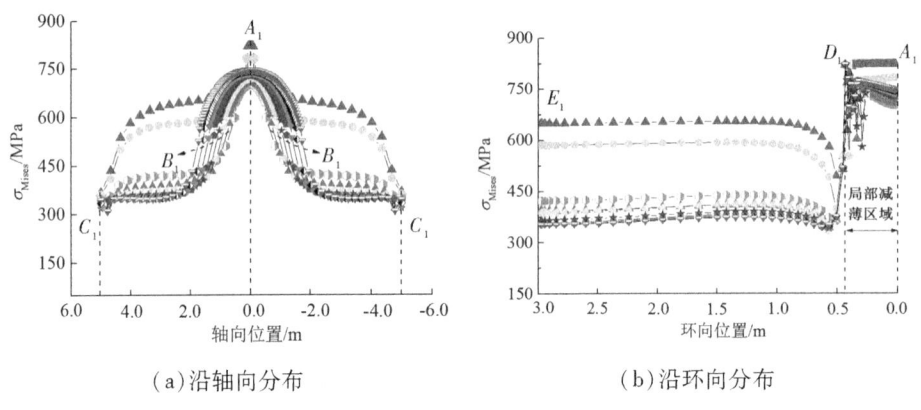

(a) 沿轴向分布　　　　　　(b) 沿环向分布

图 4-16　减薄轴向长度 $a$ 对管道内侧 Mises 应力分布的影响

### 4.4.2.2　局部减薄环向长度对管道内侧危险点的影响

为揭示局部减薄环向长度 $b$ 对含缺陷压力钢管内侧特征点应力的影响规律，取以下几何参数计算方案：$a = 5$，$c = 0.5$，$b = 0.08、0.1、0.2、0.3、0.5、0.6$。

从图 4-17 中可以看出，在不同的无量纲化减薄环向长度 $b$ 的影响下，危险点出现在 $D_1$ 点，即此处的应力最大。$A_1$ 和 $B_1$ 点的应力次之，$C_1$ 点和 $E_1$ 点的应力最小。随着局部减薄深度 $b$ 的不断增加，危险点均出现在 $D_1$ 点。局部减薄区域外的大面积区域的应力基本不变，应力的大小与 $b$ 的改变无关。以上分析表明，减薄环向长度 $b$ 不影响危险点的位置，可不考虑参数 $b$ 对管道危险点的影响。

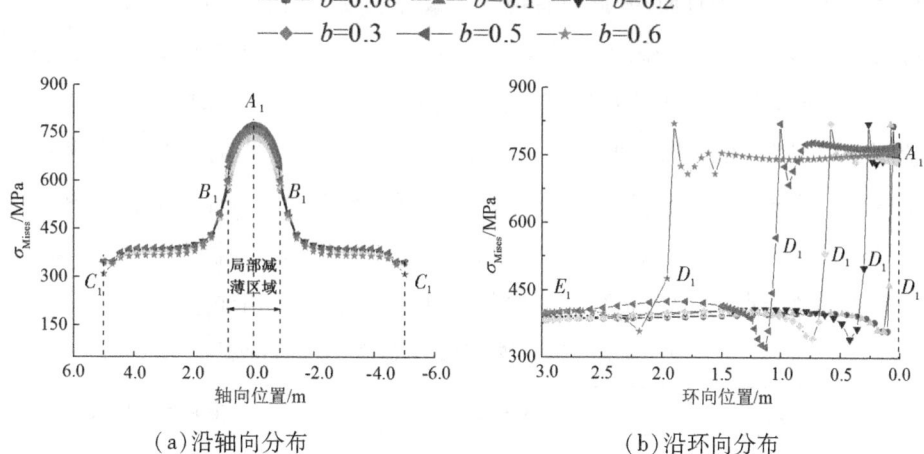

(a) 沿轴向分布　　　　(b) 沿环向分布

图 4-17　减薄环向长度 $b$ 对管道内侧 Mises 应力分布的影响

### 4.4.2.3　局部减薄深度对管道内侧危险点的影响

为揭示局部减薄深度 $c$ 对含缺陷压力钢管内侧特征点应力的影响规律，取以下几何参数计算方案：$a=5$，$b=0.25$，$c=0.3$、$0.4$、$0.5$、$0.6$、$0.7$、$0.8$。

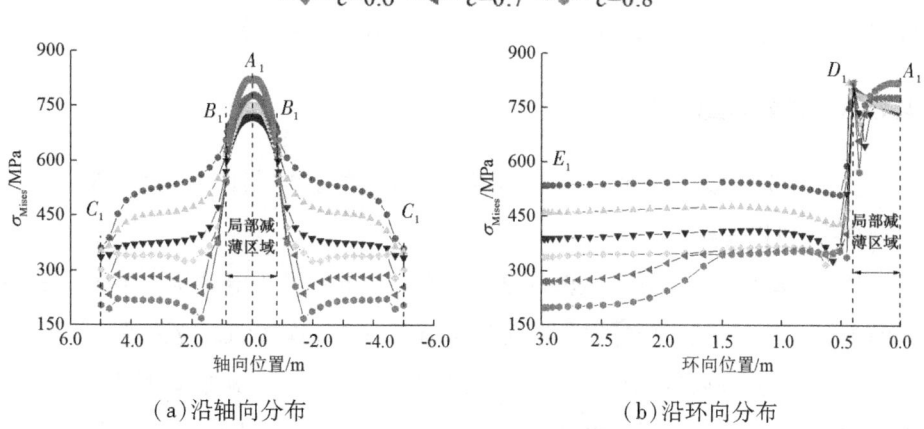

(a) 沿轴向分布　　　　(b) 沿环向分布

图 4-18　减薄深度 $c$ 对管道内侧 Mises 应力分布的影响

从图 4-18 中可以看出，由于应力集中现象的出现，危险点出现在 $D_1$ 点，即此处的应力最大。$A_1$ 点与 $B_1$ 点的应力次之，$E_1$ 点和 $C_1$ 点的应力最小。随着局部减薄深度 $c$ 的不断增加，$A_1$ 点的应力随之增大，危险点也由 $D_1$ 点变成 $D_1$ 点与 $A_1$ 点。局部减薄区域外的大面积区域的应力基本不变，应力的大小与 $c$ 呈负相关,即 $c$ 越大越容易发生局部破坏。当 $c>0.6$ 时,局部减薄区域外的大面积区域基本处于弹性阶段,此时管道发生破坏主要是由于减薄区域受压产生了过大的变形,无法继续服役。而减薄区域外的大部分区域并没有达到屈服极限,仍可继续承载,属于受压区域局部垮塌破坏。当 $c=0.6$ 时,管面应力基本达到屈服强度 345 MPa。当 $c<0.6$ 时,管面进入塑性阶段,内压在减薄区域产生的应力仍较大,故减薄区域先发生破坏。局部减薄管失效主要是因为减薄区域外的大部分区域已达到屈服极限,属于整体垮塌破坏。分析表明,减薄深度 $c$ 显著影响危险点的位置,需要考虑参数 $c$ 对管道危险点的影响。

表 4-6 局部减薄参数与管道内侧危险点的对应关系

| 减薄深度 $c$ | 减薄轴向长度 $a$ | 危险点的位置 |
| --- | --- | --- |
| $c \leqslant 0.7$ | $a>0.6$ | $D_1$ 点附近 |
| $c \leqslant 0.7$ | $a \leqslant 0.6$ | $D_1$ 点附近和 $A_1$ 点 |
| $c>0.7$ | — | $D_1$ 点附近和 $A_1$ 点 |

由表 4-6 可知,不同的局部减薄参数下,危险点的位置不同。当局部减薄深度 $c>0.7$ 时,危险点同时出现在 $D_1$ 点附近和 $A_1$ 点;当 $c<0.7$ 时,危险点可能仅出现在 $D_1$ 点附近,无论 $a$ 取何值。研究表明,管内侧和管外侧特征点应力分布基本一致,应对减薄中心和减薄轴向长度附近的承载状态予以关注。

## 4.5 本章小结

(1) 局部减薄环向长度和管道跨度对局部减薄水电站压力钢管失效模式的影响很小,可以忽略。

(2) 减薄轴向长度 $a$ 和减薄深度 $c$ 是影响局部减薄水电站压力钢管失效模式的主要因素,并进一步建立了上述影响因素与失效模式的对应关系。

(3) 危险点在管壁内侧和外侧的出现位置是一致的,其中减薄环向长度 $b$ 不影响危险点的位置,研究中可不考虑参数 $b$ 对管道危险点位置的影响。

(4) 局部减薄深度 $c$ 和减薄轴向长度 $a$ 对危险点位置的影响显著。当局部减薄深度 $c>0.7$ 时,危险点同时出现在局部减薄中心和减薄轴向边界附近;当 $c \leqslant 0.7, a>0.6$ 时,危险点仅出现在减薄轴向边界附近;当 $c \leqslant 0.7, a \leqslant 0.6$ 时,危险点同时出现在局部减薄中心和减薄轴向边界附近。

# 第五章 局部减薄水电站压力钢管的安全评定方法

水电站压力钢管作为水工建筑物引水系统的重要组成部分,其管壁受环境条件影响普遍存在缺陷。调查显示,这些设备在十几年甚至几十年前就已经"带病"运行。超期服役、较高的内压以及缺陷的形成,对我国水电站的安全运营带来了严峻的挑战。局部减薄缺陷作为其中一种较为常见的缺陷,往往出现在环境相对恶劣的区域,譬如水电站厂房内的明管段。这种缺陷的存在降低了管道的承载能力,导致局部管道泄漏甚至管体爆裂失效。鉴于局部减薄缺陷普遍存在,不能对服役时间长的管道一一进行替换或修补,因此对出现局部减薄缺陷的压力钢管进行安全评定研究是更为科学、更符合国情的选择。在这样的情况下,国内外的学者针对该缺陷提出了一些安全评定方法,包括美国的 ASME B31G 评定方法、挪威船级社的 DNV-RP-F101 评定方法以及我国的 GB/T 19624—2004 评定方法等。值得一提的是,现存的评定方法对缺陷的简化都有一定的差异,评定的缺陷类型、管道的边界条件也有多种,有些还包括相邻缺陷相互作用的评定流程。

在研究极限承载力和失效模式的基础上,本章给出了适用于水电站压力钢管的安全评定方法。首先根据现有规范确定了安全评定判据,结合前面的研究成果整合了一套适用于局部减薄水电站压力钢管的安全评定流程,进一步通过 Matlab 软件编程,将拟合的极限承载力计算公式、现有规范中的极限承载力计算方法以及失效模式和危险点的判定方法编制成一套适合水电站压力钢管安全评定的计算分析软件,并给出了相应的适用范围。

## 5.1 局部减薄水电站压力钢管的安全评定方法

针对局部减薄压力钢管失效机理研究的最终目的,本章给出了一套具有实践意义的安全评定流程。水电站压力钢管不同于一般的输油、输气管道以及压力容器,因此,一套适用于含减薄缺陷的水电站管道安全评定规范具有重要的工程意义和实用价值。

鉴于此,本章给出了局部减薄管道在内压和水重作用下的安全评定方法。该评定方法针对现有的中强度管道,突破传统的以钢材达到屈服强度为破坏的塑性失效准则,考虑了钢材的硬化特性,并以大量的有限元数据为基础,得到了适用于水电站压力钢管的局部减薄缺陷安全评定方法。为验证本章建立的安全评定方法的适用性,我们选用各规范中针对局部减薄缺陷的评定内容做参考,同时考虑仅有单个缺陷且不存在缺陷相互作用的情况。本章中的安全评定流程图包含四个部分:减薄区域的规则化、减薄管道承载力的计算、管道失效模式的判定和危险点位置的预测以及缺陷的安全评定。

### 5.1.1 极限承载力的确定

结合第三章中的局部减薄水电站压力钢管极限承载力计算公式,在参数 $a$ 为 6(此时参数 $a$ 对极限承载力的影响规律出现明显差异)时对拟合公式进行分段,获得了该局部减薄管道的极限承载力计算公式:

当 $0.6 < a \leqslant 6$ 且 $c < 0.7$ 时:

$$P_L = P_0 \cdot r_1 = \frac{4\sigma_u t}{(\sqrt{3})^{x+1}(2R_o - t)}(C_0 + C_1 a + C_2 a^2). \quad (5-1)$$

$$\begin{cases} C_0 = 0.832 + 0.763c - 0.931c^2, \\ C_1 = 0.112 - 0.720c + 0.426c^2, \\ C_2 = -0.012 + 0.076c - 0.050c^2. \end{cases}$$

当 $a > 6$ 且 $c < 0.7$ 时:

$$P_L = P_0 \cdot r_2 = \frac{4\sigma_u t(1.022 - 0.746c - 0.268c^2)}{(\sqrt{3})^{x+1}(2R_o - t)}. \quad (5-2)$$

### 5.1.2 失效模式及危险点位置的识别

结合第四章中的局部减薄缺陷压力钢管失效时的失效模式判定方法和危险点判定方法,对各影响参数进行遴选和分析,得到了局部减薄管道失效时的部分规律:

整体失效：
$$V_L/V \geq 60\%. \quad (5-3)$$

局部失效：
$$V_L/V \leq 20\%. \quad (5-4)$$

判定失效时的管道危险点公式为：
$$\sigma_d = \max\{\sigma_{\text{Mises}}^i\}, \quad i=1,2,\cdots,N. \quad (5-5)$$

局部减薄参数和失效模式之间的对应关系见表5-1。

表5-1 局部减薄参数和失效模式的对应关系

| 减薄深度 $c$ | 减薄长度 $a$ | 减薄环向长度 $b$ | 失效模式 |
| --- | --- | --- | --- |
| $c \leq 0.5$ | 任意 | 任意 | 整体失效 |
| $0.7 \geq c \geq 0.6$ | $a \leq 2$ | 任意 | 整体失效 |
| $c \leq 0.6$ | $a = 3$ | 任意 | 整体失效 |
| $c = 0.8$ | $a = 0.6$ | 任意 | 整体失效 |
| $c \geq 0.6$ | $a \geq 4$ | 任意 | 局部失效 |
| $c \geq 0.7$ | $a \geq 1$ | 任意 | 局部失效 |
| $c \geq 0.7$ | $a = 3$ | 任意 | 局部失效 |
| $c \geq 0.9$ | 任意 | 任意 | 局部失效 |

局部减薄参数和危险点位置之间的对应关系见表5-2。

表5-2 局部减薄参数与危险点位置的对应关系

| 减薄深度 $c$ | 减薄轴向长度 $a$ | 危险点位置 |
| --- | --- | --- |
| $c \leq 0.7$ | $a > 0.6$ | 局部减薄轴向边界处 |
| $c \leq 0.7$ | $a \leq 0.6$ | 局部减薄中心和轴向边界处 |
| $c > 0.7$ | — | 局部减薄中心和轴向边界处 |

### 5.1.3 安全评定判据的建立

在以上失效模式和危险点分析及计算的基础上，我们对该缺陷进行安全评价。由于减薄环向长度对管道极限承载力、失效模式以及危险点位置的影响均较小，因此忽略参数 $b$，仅取参数 $a$ 和 $c$（$a = 0.6$、$1.0$、$3.0$、$5.0$、$6.0$，$c = 0.3$、$0.5$、$0.7$）。30组计算数据如表5-3所示，缺陷的安全评定图如图5-1所示。

表 5-3  安全评定计算点

| 编号 | $a$ | $c$ | $C_0$ | $P_L/P_0$ | 编号 | $a$ | $c$ | $C_1$ | $P_L/P_0$ |
|---|---|---|---|---|---|---|---|---|---|
| 1 | 0.6 | 0.3 | 0.94200 | 0.939982 | 16 | 7 | 0.3 | 0.94472 | 0.94391 |
| 2 | 0.6 | 0.5 | 0.90278 | 0.90071 | 17 | 8 | 0.5 | 0.94472 | 0.94366 |
| 3 | 0.6 | 0.7 | 0.83385 | 0.805966 | 18 | 9 | 0.7 | 0.94472 | 0.92841 |
| 4 | 1 | 0.3 | 0.91368 | 0.91775 | 19 | 7 | 0.3 | 0.86208 | 0.85867 |
| 5 | 1 | 0.5 | 0.85018 | 0.85275 | 20 | 8 | 0.5 | 0.86208 | 0.85425 |
| 6 | 1 | 0.7 | 0.75906 | 0.74335 | 21 | 9 | 0.7 | 0.86208 | 0.85425 |
| 7 | 3 | 0.3 | 0.83119 | 0.83683 | 22 | 7 | 0.3 | 0.77408 | 0.77343 |
| 8 | 3 | 0.5 | 0.66881 | 0.67775 | 23 | 8 | 0.5 | 0.77408 | 0.77066 |
| 9 | 3 | 0.7 | 0.49481 | 0.51043 | 24 | 9 | 0.7 | 0.77408 | 0.77066 |
| 10 | 5 | 0.3 | 0.80112 | 0.80631 | 25 | 7 | 0.3 | 0.68072 | 0.67747 |
| 11 | 5 | 0.5 | 0.61138 | 0.61075 | 26 | 8 | 0.5 | 0.68072 | 0.67741 |
| 12 | 5 | 0.7 | 0.41587 | 0.41111 | 27 | 9 | 0.7 | 0.68072 | 0.67741 |
| 13 | 6 | 0.3 | 0.79431 | 0.80995 | 28 | 7 | 0.3 | 0.58200 | 0.58151 |
| 14 | 6 | 0.5 | 0.59956 | 0.61775 | 29 | 8 | 0.5 | 0.58200 | 0.57283 |
| 15 | 6 | 0.7 | 0.39296 | 0.41155 | 30 | 9 | 0.7 | 0.58200 | 0.57429 |

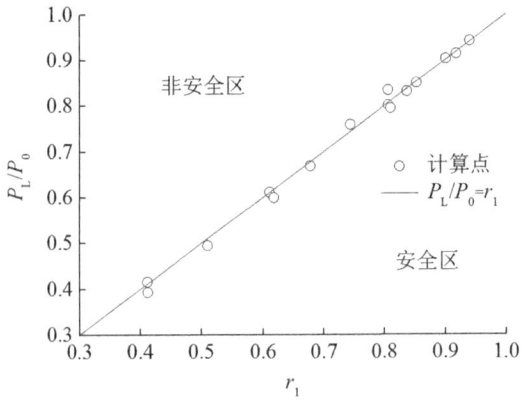

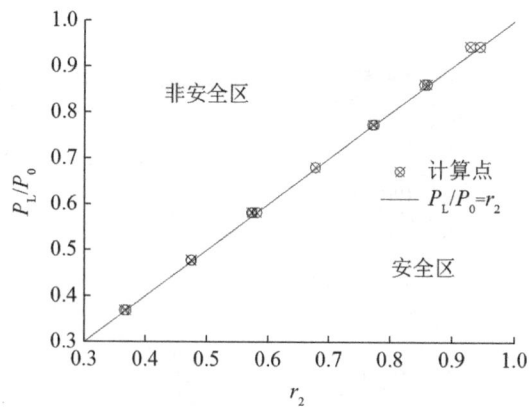

图 5-1　局部减薄参数的安全评定图

从图 5-1 中可知,表 5-3 中的计算点在图中几乎为一条直线。当实际的工作内压 P 在该直线下方,我们可以认为该减薄缺陷是可以接受的,反之则不可接受。引入安全系数 SF,该安全系数根据美国 ASME 规范取值,其值应在 1.5 左右。

则安全评定判据为:

$$\begin{cases} P \cdot SF < P_0 \cdot r & \text{结构安全,} \\ P \cdot SF \geq P_0 \cdot r & \text{结构不安全.} \end{cases} \quad (5-6)$$

## 5.1.4　安全评定流程

局部减薄水电站压力钢管的安全评定主要包括确定完整管道的极限内压 $P_0$、确定管道的工作内压 P 和计算强度剩余系数 r。其基本过程包括:

(1) 计算完整管道的极限内压 $P_{L0}$、确定管道的工作内压 P。

(2) 计算强度剩余系数 r。

(3) 确定安全系数 SF,一般取 1.5 左右。

(4) 开展管道安全评定,评定内容包括管道外径、管道壁厚、管材的屈服强度和抗拉强度以及局部减薄三参数。

(5) 若结构安全,预测结构可能的危险点位置和失效模式;若结构不安全,指出结构的危险点位置和失效模式。

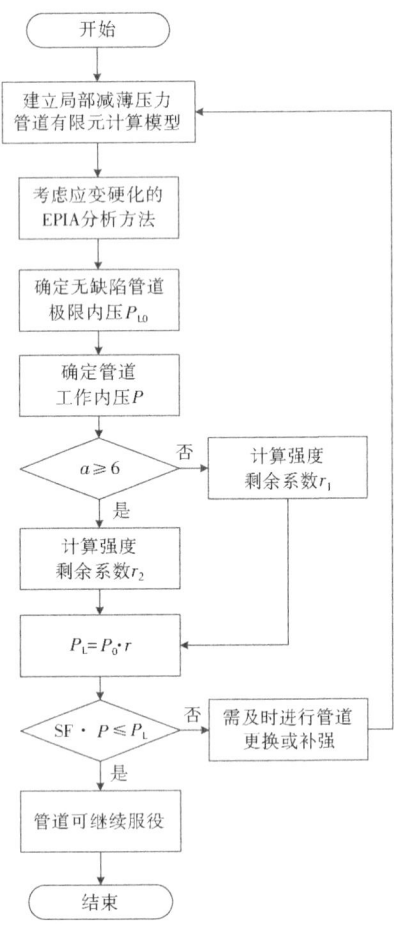

图 5-2 压力钢管安全评定流程图

## 5.2 局部减薄水电站压力钢管安全评定软件

针对本书第三章和第四章的内容,通过 Matlab 程序将拟合的极限承载力计算公式、现有规范中的极限承载力计算方法以及失效模式和危险点的判定方法编制成一套适用于水电站压力钢管安全评定的计算分析软件,通过局部减薄参数和管道体型参数进行分析,计算得到工程条件下的局部减薄水电站压力钢管极限承载力以及可能出现的失效模式、失效时的危险点位置,为实际工况下的水电站压力钢管安全评定提供参考,给管道的补强和更换提出建议。

## 5.2.1 软件界面及功能

打开"局部减薄管道安全评定软件",界面如图 5-3 所示。

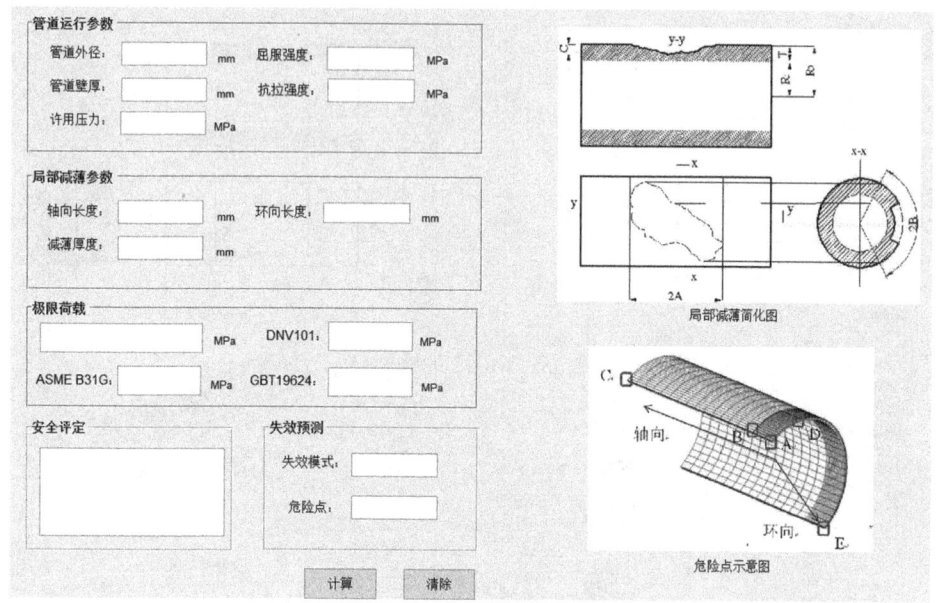

图 5-3 安全评定软件界面

软件界面分为五个板块:管道运行参数、局部减薄参数、极限荷载、安全评定以及失效预测。其中,管道运行参数和局部减薄参数是需要输入的内容,输入这两部分的内容后,点击"计算"即可输出结果。界面右侧介绍了缺陷区域的简化方法(其中缺陷轴向长度、环向长度及深度均取实测的最大值),结合特征点分析标明了可能出现的危险点的位置。

软件适用于管道跨度不大于 4 倍的管道外径、缺陷数量为单个且减薄深度不超过 0.7 倍的管道壁厚的压力钢管。若出现减薄轴向长度超过管道跨度 $l$ 或减薄环向长度超过管道周长等错误操作,界面则会显示"错误,请检查输入数据"的提示。

## 5.2.2 算例分析

【算例1】局部腐蚀缺陷近海管道:某一近海压力管道,仅考虑内压荷载作用,两端固支,材料的抗拉强度为 531 MPa,屈服强度为 464 MPa,管道外径 $R_0 =$

821.8 mm，管壁厚度 $t=19.1$ mm，缺陷最大长度 $2A=203.2$ mm，缺陷最大厚度 $C=13.4$ mm，缺陷环向长度 $2B=9.62$ mm，管道工作内压 $P=10.21$ MPa。通过软件分析可知，其安全评定分析结果如图 5－4 所示。

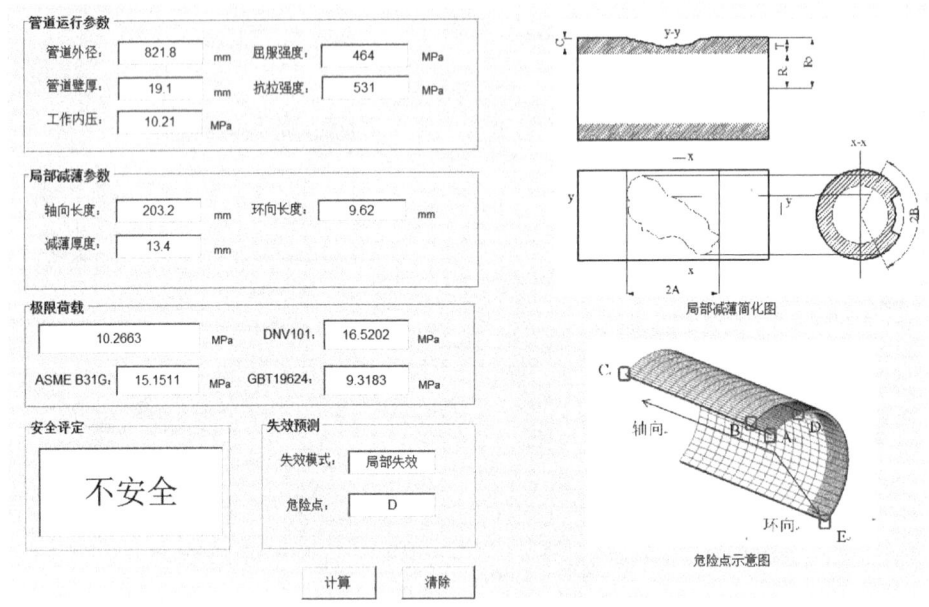

图 5－4　算例 1 的安全评定结果

从图 5－4 可知，根据算例 1 给出的管道运行参数和局部减薄参数得到了四种不同方法的承载力计算结果，进一步给出了安全评定的结论和失效预测。结果表明：在给出的管道工作内压下，该含缺陷管道的评定结果为不安全，管道失效模式为局部失效，危险点出现在靠近无缺陷的局部减薄轴向边界处，即危险点示意图中的 $D$ 点附近。

除了界面输出结果，在左上角“文件”下拉菜单中也可以将评定数据和结果输出为 Excel 文件。输出结果见图 5－5。

| | A | B | E | F | I | J | M |
|---|---|---|---|---|---|---|---|
| 1 | 管道运行参数: | | 局部减薄参数: | | 极限荷载: | | 运行状态:不安全 |
| 2 | 管道外径 | 821.8 mm | 轴向长度 | 203.2 mm | 软件结果 | 10.2663 MPa | 失效模式:局部失效 |
| 3 | 管壁壁厚 | 19.1 mm | 环向长度 | 9.62 mm | ASME B31G | 15.1511 MPa | 危险点: D |
| 4 | 屈服强度 | 464 MPa | 减薄厚度 | 13.4 mm | DNV101 | 16.5202 MPa | |
| 5 | 抗拉强度 | 531 MPa | | | GBT19624 | 9.3183 MPa | |
| 6 | 许用压力 | 10.21 MPa | | | | | |

图 5－5　算例 1 的数据存储

【算例 2】局部腐蚀水电站压力钢管：某一水电站厂房内的明管两端均被大

体积混凝土包裹,材料的抗拉强度为 812.6 MPa,屈服强度为 375 MPa,管跨达 10 m 以上。管道外径 $R_0 = 3000$ mm,管壁厚度 $t = 20.1$ mm,管道缺陷最大长度 $2A = 26.2$ mm,缺陷最大深度 $C = 9.2$ mm,缺陷环向长度 $2B = 28.62$ mm,管道工作内压 $P = 6.23$ MPa。通过软件分析可知,其安全评定分析结果如图 5 − 6 所示。

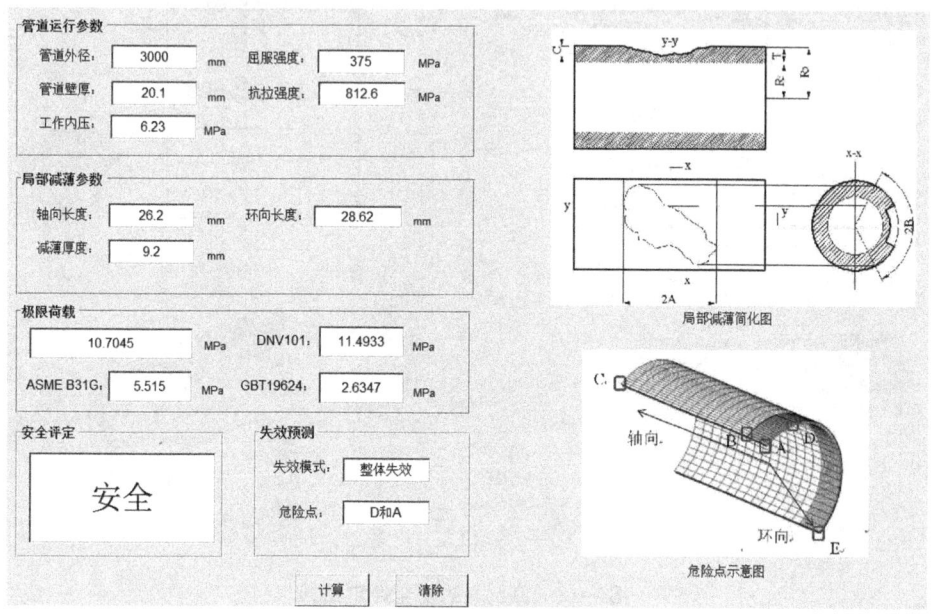

图 5 − 6  算例 2 的安全评定结果

Excel 的输出结果见图 5 − 7。

图 5 − 7  算例 2 的数据存储

从图 5 − 6 和图 5 − 7 可知,算例 2 的管道运行参数和局部减薄参数评定结果表明,在给出的管道工作内压下,该含缺陷管道的评定结果为安全,管道的失效模式为整体失效,危险点可能出现在靠近无缺陷的局部减薄轴向边界处和缺陷中心,即危险点示意图中的 A 点和 D 点附近。

【算例 3】局部腐蚀压力容器:某一实验用压力容器,材料的抗拉强度为

558.8 MPa,屈服强度为 417.2 MPa,管道外径 $R_0 = 205.2$ mm,管壁厚度 $t = 2.64$ mm,管道缺陷最大长度 $2A = 59$ mm,缺陷最大厚度 $C = 1.61$ mm,缺陷环向长度 $2B = 18.81$ mm,管道工作内压 $P = 6.23$ MPa。通过软件分析可知,其安全评定分析结果如图 5－8 所示。

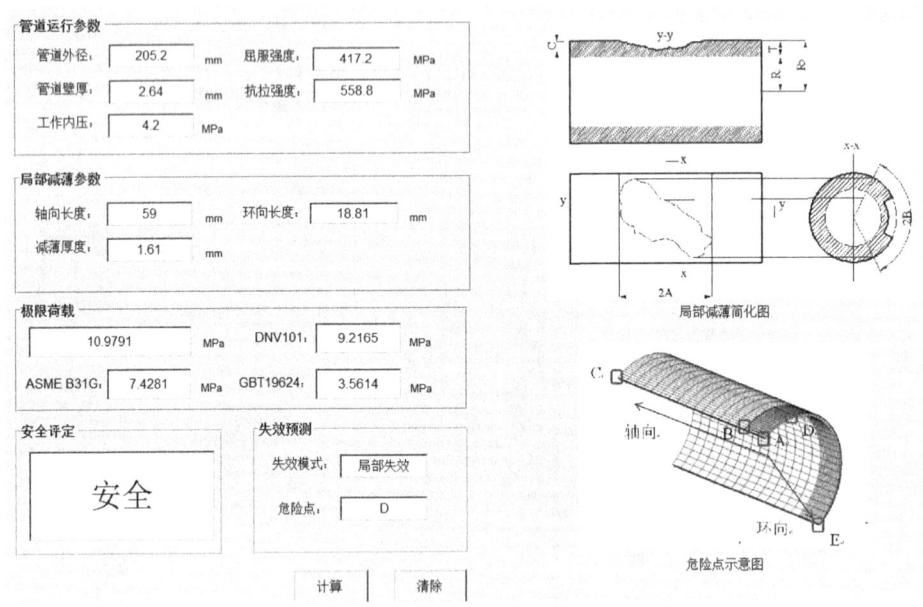

图 5－8　算例 3 的安全评定结果

| | A | B | C | D | E | F | G | H | I | J | K | L | M | N |
|---|---|---|---|---|---|---|---|---|---|---|---|---|---|---|
| 1 | 管道运行参数: | | | | 局部减薄参数: | | | | 极限荷载: | | | | 运行状态:安全 | |
| 2 | 管道外径 | 205.2 mm | | | 轴向长度 | 59 mm | | | 软件结果 | 10.9791 MPa | | | 失效模式:局部失效 | |
| 3 | 管壁壁厚 | 2.64 mm | | | 环向长度 | 18.81 mm | | | ASME B31G | 7.4281 MPa | | | 危险点: D | |
| 4 | 屈服强度 | 417.2 MPa | | | 减薄厚度 | 1.61 mm | | | DNV101 | 9.2165 MPa | | | | |
| 5 | 抗拉强度 | 558.8 MPa | | | | | | | GBT19624 | 3.5614 MPa | | | | |
| 6 | 许用压力 | 4.2 MPa | | | | | | | | | | | | |

图 5－9　算例 3 的数据存储

从图 5－8 和图 5－9 可知,算例 3 的管道运行参数和局部减薄参数评定结果表明,在给出的管道工作内压下,该含缺陷管道的评定结果为安全,管道的失效模式为局部失效,危险点可能出现在 $D$ 点附近。

## 5.3　本章小结

(1)本章节中的安全评定流程主要包括四个步骤:首先计算完整管道的极限内压并确定管道的工作内压,然后计算强度剩余系数,引入结构安全系数,最后开展管道安全评定并给出安全评定结果,指出结构的危险点位置和失效模式倾向。

（2）结合 Matlab 编译了局部减薄管道的安全评定软件。算例结果表明：该软件能对不同参数下的局部减薄水电站压力钢管进行安全评定，在水电站压力钢管的安全评定中能给出中肯的评定结果。若该软件应用于局部减薄的近海管道中，评定结果可能偏保守，此时建议安全系数取 1.05 左右。若应用于局部减薄的压力容器，评定结果可能偏不安全，此时建议安全系数取 1.7 左右。

# 第六章　总结与展望

## 6.1　主要结论

为开展水电站压力钢管的失效机理和安全评定研究,结合经实验验证的有限元分析方法遴选出可能影响失效机理的多个影响因素,分析了以上影响因素对极限承载力、失效模式以及危险点位置的影响规律,建立了控制性影响参数与极限承载力、失效模式以及危险点位置的对应关系,进一步总结了适用于水电站压力钢管的安全评定方法,研发了相应的安全评定分析软件。研究结论主要有:

(1)建立了局部减薄水电站压力钢管的极限承载力计算公式。通过对可能影响压力钢管极限承载力的钢材强度参数、局部减薄几何参数和管道跨度进行筛选,研究了以上管道体型参数和缺陷几何参数对极限承载力的影响规律,建立了以钢材强度参数、减薄深度和减薄轴向长度为变量的极限承载力计算公式。对比研究表明:本书中的计算方法与实验值较为符合,可以为水电站压力钢管的极限承载力预测提供参考。

(2)建立了局部减薄水电站压力钢管的失效模式和危险点位置与减薄参数的量化关系。通过建立失效模式量化标准和危险点预测标准,分析了管道跨度以及减薄参数与失效模式、失效危险点之间的对应关系。研究结果表明:影响管道失效模式的控制性参数是减薄轴向长度和深度;局部减薄厚度不大于0.5倍的壁厚时,管道失效模式仅由局部减薄厚度控制,否则管道失效模式由减薄轴向长度和深度共同控制;管道跨度和局部减薄环向长度对减薄管道失效模式的影响可忽略;危险点主要出现在局部减薄轴向边界,也可能同时出现在减薄中心处和轴向边界附近。

(3)研发了局部减薄水电站压力钢管安全评定软件。结合压力钢管极限承载力计算公式以及失效模式判定方法和危险点预测方法,在已有规范的安全评定流程基础上,建立了局部减薄水电站压力钢管的安全评定流程,并进一步结合 Matlab 开发了相应的安全评定软件。研究结果表明:该软件能对不同参数下的局部减薄压力钢管进行安全评定,可以为水电站压力钢管的安全评定提供新的思路。

## 6.2 研究展望

仍需进一步开展的研究工作主要包括以下内容:

(1)本书针对局部减薄最常发生的水电站厂房内的明管段进行了参数影响分析,研究对象还可以更广泛,比如可以研究弯管、加劲管、岔管以及埋管等。

(2)荷载条件可以考虑得更全面,如开展弯矩与内压或弯矩、轴力、内压联合作用下的局部减薄压力钢管塑性失效机理和安全评定研究。

(3)局部减薄缺陷的位置以及形态特征需要进一步讨论,未来可以开展缺陷形状为椭圆形或不规则形状时的失效机理研究。

(4)实际工况下的缺陷不止一处。缺陷之间的相互作用会影响管道的失效,可以开展多缺陷相互作用下的失效机理和安全评定研究。

# 参 考 文 献

[1]孙振刚,张岚,段中德.我国水电站工程数量与规模[J].中国水利,2013(7):12-13.

[2]周宏伟,余建军.小型水电站压力钢管锈蚀及泥沙磨损的处理[J].科研,2017,4(1):232-233,257.

[3]包涛.汤峪水电站压力钢管锈蚀成因及防腐措施探析[J].地下水,2017(4):99,159.

[4]张松林.压力钢管腐蚀形态及涂层失效机理探讨[J].河南科技,2012,11(22):39.

[5]JOSHI T. An evaluation of large diameter steel water pipelines[D]. Arlington:the University of Texas,2012.

[6]DAWSON S J,RUSSELL A,PATTERSON A. Emerging techniques for enhanced assessment and analysis of dents[C]. 6th international pipeline conference, vol. 2,2007:397-415.

[7]陈慧珠.蒸汽及冷凝管道的腐蚀控制[J].化工设备设计,1986(5):49-52.

[8]BARSOUM I,LAWAL S A,SIMMONS R J,et al. Failure analysis of a pressure vessel subjected to an internal blast load[J]. Engineering failure analysis,2018,91(1):354-369.

[9]代巧,彭剑,刘浩浩.含局部减薄缺陷压力管道承载能力研究[J].机械设计与制造,2020(3):224-228.

[10]WANG Z Y,LIU B,YANG Y G,et al. Experimental and numerical studies on corrosion failure of a three-limb pipe in natural gas field[J]. Engineering failure analysis,2016,62(1):21-38.

[11]YAN S,SHEN X,JIN Z. On elastic-plastic collapse of subsea pipelines

under external hydrostatic pressure and denting force[J]. Applied ocean research, 2016,58(1):305 - 321.

[12] 孙明,吕海舟,付志强,等. 含缺陷城镇燃气聚乙烯管道内压承载能力研究[J]. 压力容器,2021(7):58 - 63.

[13] 李成凤,刘润,彭碧瑶,等. 土体约束对海底管道整体屈曲的影响机理研究[J]. 海洋科学,2018(2):56 - 63.

[14] 李祚成,李思源,许可. 局部减薄管道极限弯矩计算新公式[J]. 石油化工设备,2021(4):36 - 42.

[15] 辛明亮,杜海晶,李茂东,等. 工业用氯化聚氯乙烯管道失效机理研究进展[J]. 塑料工业,2016(2):5 - 7,18.

[16] LEE O S, LUNG KIM H. Effect of external corrosion in pipeline on failure prediction[J]. International journal of precision engineering and manufacturing, 2000,1(2):48 - 54.

[17] ROY S, GRIGORY S, SMITH M. Numerical simulations of full-scale corroded pipe tests with combined loading[J]. Journal of pressure vessel technology, 1997,119(4):457 - 466.

[18] 陈钢,贾国栋,孙亮,等. 一种含局部减薄压力管道的塑性极限载荷免于评定条件[J]. 中国锅炉压力容器安全,2003(2):4 - 8.

[19] 陈钢,贾国栋,陶雪荣,等. 内压、弯矩联合载荷作用下含局部减薄压力管道塑性极限载荷数值分析[J]. 压力容器,2001,18:165 - 169.

[20] 陈钢,张传勇,刘应华. 内压和面内弯矩作用下含局部减薄弯头塑性极限载荷的有限元分析[J]. 工程力学,2005,22(2):43 - 49.

[21] 马欣,李杰,薛涛,等. 含内腐蚀凹陷的压力管道应力应变研究[J]. 塑性工程学报,2018,25(3):267 - 273.

[22] CHEN Y F, LI X, ZHOU J. Ultimate flexural capacity of pipe with corrosion defects subject to combined loadings[J]. Chinese journal of computational mechanics,2011,28(1):132 - 139.

[23] MILLER A G. Review of limit loads of structures containing defects[J]. International journal of pressure vessels and piping,1988,32(1 - 4):197 - 327.

[24] BONY M, ALAMILLA J L, VAI R, et al. Failure pressure in corroded pipelines based on equivalent solutions for undamaged pipe[J]. Journal of pressure vessel technology, 2010, 132(5): 1-8.

[25] MICHAEL L, BOWIE G, FLETCHER L, et al. Burst pressure and failure strain in pipeline, part 2: comparisons of burst-pressure and failure-strain formulas[J]. Journal of pipeline integrity, 2004, 3: 102-106.

[26] SVENSSON N L. The bursting pressure of cylindrical and spherical vessels[J]. Journal of applied mechanics, 1958, 25(1): 89-96.

[27] CRONIN D S, PICK R J. Prediction of the failure pressure for complex corrosion defects[J]. International journal of pressure vessels and piping, 2002, 79(4): 279-287.

[28] UPDIKE D P, KALNINS A. Tensile plastic instability of axisymmetric pressure vessels[J]. Pressure vessel and piping codes and standards, 2006: 257-263.

[29] 陈严飞,李昕,周晶. 组合荷载作用下腐蚀缺陷管道的极限承载力[J]. 计算力学学报, 2011, 28(1): 132-139.

[30] 孙彦彦. 完好管道在复杂荷载作用下的极限承载力研究[D]. 大连: 大连理工大学, 2013.

[31] CHRISTOPHER T, SARMA B R, POTTI P G. A comparative study on failure pressure estimations of unflawed cylindrical vessels[J]. International journal of pressure vessels and piping, 2002, 79(1): 53-66.

[32] STEWART G, KLEVER F J, RITCHIE D. An analytical model to predict the burst capacity of pipelines[J]. Offshore mechanics and arctic engineering, v.5: pipeline technology, 1994: 177-188.

[33] ZHU X K, LEIS B N. Average shear stress yield criterion and its application to plastic collapse analysis of pipelines[J]. International journal of pressure vessels and piping, 2006, 83(9): 663-671.

[34] 李灿明,赵德文,章顺虎,等. MY准则解析X80钢油气输送管道爆破压力[J]. 东北大学学报(自然科学版), 2011, 32(7): 964-967.

[35]章顺虎,姜兴睿. MY 准则解析受内压薄圆环极限压力[J]. 精密成形工程,2018,10(1):122-126.

[36]WANG L Z,ZHANG Y Q. Plastic collapse analysis of thin-walled pipes based on unified yield criterion[J]. International journal of mechanical sciences,2011,53(5):348-354.

[37]祝晓海,庞苗,张永强. 基于双剪应力屈服准则的受内压管道爆破压力分析[J]. 应用力学学报,2011,28(2):135-138.

[38]中国国家标准化管理委员会. 在用含缺陷压力容器安全评定:GB/T 19624—2004.[S]. 北京:中国标准出版社,2005.

[39]AMERICAN SOCIETY OF MECHANICAL ENGINEERS. Manual for determining the remaining strength of corroded pipelines:ASME B31G-2009[S]. New York:American Society of Mechanical Engineers,2009.

[40]GHANI M A,TEWFIK G,DJAHIDA D. Determination of limit load solution for the remainingload-carrying capacity of corroded pipelines[J]. Journal of pressure vessel technology,2016,138(5):138-145.

[41]KIM Y J,OH C K,PARK C Y. Net-section limit load approach for failure strength estimates of pipes with local wall thinning[J]. International journal of pressure vessels and piping,2006,83(7):546-555.

[42]LEE M W,LEE S D,KIM Y J. Applicability of net-section collapse load approach to multiple-cracked pipe assessment:numerical study[J]. Journal of pressure vessel technology,2017,139:041208-1~041208-8.

[43]MIURA N,HOSHINO K,LI Y S,et al. Experimental investigation of net-section-collapse criterion for circumferentially cracked cylinders subjected to torsional moment[J]. Journal of pressure vessel technology,2014,136(3):031204-1~031204-5.

[44]胡兆吉,严军华,徐宏,等. 基于 NSC 准则的周向裂纹管塑性极限载荷分析[J]. 压力容器,1998(1):1-9.

[45]ZHU X K,LEIS B N. Theoretical and numerical predictions of burst pressure of pipelines[J]. Journal of pressure vessel technology,2007,129(4):644-

652.

[46]白洁,刘应华,陈钢,等. 含凹坑缺陷压力管道的塑性极限分析[J]. 清华大学学报(自然科学版),2002(S1):11-14.

[47]徐尊平. 含凹坑缺陷压力管道的有限元分析及安全评定[D]. 成都:西南交通大学,2006.

[48]ZHOU W,HUANG G X. Model error assessments of burst capacity models for corroded pipelines[J]. Internationaljournal of pressure vessels and piping,2012,99/100:1-8.

[49]FU B,KIRKWOOD M G. Predicting failure pressure of internally corroded linepipe using the finite element method[C]. OMAE 1995:proceedings of the 14th international conference on offshore mechanics and arctic engineering,v. 5:pipeline technology,1995:175-184.

[50]AHAMMED M,MELCHERS R E. Reliability estimation of pressurised pipelines subject to localised corrosion defects[J]. International journal of pressure vessels and piping,1996,69(3):267-272.

[51]BATTE A D,FU B,KIRKWOOD M G,et al. New methods for determining the remaining strength of corroded pipelines[C]. Proceedings of the 16th international conference on offshore mechanics and arctic engineering,v. 5:pipeline technology,1997:221-228.

[52]KIEFNE J F,VIETH P H. Evaluating pipe:new method corrects criterion for evaluating corroded pipe[J]. Oil and gas journal,1990,88(32):56-59.

[53]VIETH P H. Assessment criterion for ILI metal-loss data:B31G and RSTRENG[J]. Ocean ographic literature review,1998,7(45):12-58.

[54]STEPHENS D R,LEIS B N. Material and geometry factors controlling the failure of corrosion defects in piping[J]. 1997 ASME pressure vessels and piping conference:fatigue and fracture,1997(35):3-11.

[55]DET NORSKE VERITAS. Recommend practice corroded pipelines:DNV-RP-F101[S]. Oslo:Det Norske Veritas,2004.

[56]CHOI J B,GOO B K,KIM J C. Development of limit load solutions for

corroded gas pipelines[J]. International journal of pressure vessels and piping, 2003,80(2):121-128.

[57] NETTO T A,FERRAZ U S,ESTEFEN S F. The effect of corrosion defects on the burst pressure of pipelines[J]. Journal of constructional steel research,2005, 61(8):1185-1204.

[58] 韩良浩,柳曾典.弯曲载荷作用下局部减薄管道的极限载荷分析[J]. 压力容器,1998(6):1-4.

[59] MA B,SHUAI J,LI X K,et al. Advances in the newest version of ASME B31G-2009[J]. Natural gas industry,2011,31(8):112-115.

[60] 王嘉伟,张伟,杨江琪,等.含局部减薄水电站压力钢管极限承载力计算公式研究[J].水电能源科学,2018(12):87-91.

[61] 帅义,帅健,刘朝阳.腐蚀管道可靠性评价方法研究[J].石油科学通报,2017(2):288-297.

[62] 帅义,帅健,罗小俊,等.长输管道凹陷提压回圆评价方法[J].中国安全生产科学技术,2019,15(2):70-76.

[63] TERAN G,CAPULA-COLINDRES S,VELAZQUEZ J C,et al. Failure pressure estimations for pipes with combined corrosion defects on the external surface:a comparative study[J]. International journal of electrochemical science,2017(11):10152-10176.

[64] CALEYO F,GONZALEZ J L,HALLEN J M. A study on the reliability assessment methodology for pipelines with active corrosion defects[J]. International journal of pressure vessels and piping,2002,79(1):77-86.

[65] 李瑞.稠油油田注汽管道安全性评估[D].大庆:东北石油大学,2016.

[66] 徐宏,李培宁.失效评定图(FAD)技术在核管道缺陷评定规程编制中的应用[J].核动力工程,1995,16(1):73-77.

[67] 何亚莹.长输管道分布式应力监测与健康诊断方法研究[D].武汉:武汉工程大学,2015.

[68] 邰阳.陆上油气管道的腐蚀失效研究[D].西安:西安建筑科技大学,2014.

[69]陈钢,张传勇,刘应华.内压和面内弯矩作用下含局部减薄弯头塑性极限载荷的有限元分析[J].工程力学,2005(2):43-49.

[70]帅健,单克.基于失效数据的油气管道定量风险评价方法[J].天然气工业,2018,38(9):129-138.

[71]马小明,周启超.非均匀沉降下高压天然气管道失效概率分析[J].化工机械,2018(1):77-81.

[72]王新颖,宋兴帅,杨泰旺.深度学习神经网络在管道故障诊断中的应用研究[J].安全与环境工程,2018(1):137-142,148.

[73]李遵照,王剑波,王晓霖,等.智慧能源时代的智能化管道系统建设[J].油气储运,2017,36(11):1243-1250.

[74]王志付,程昊,齐鑫.探究智慧能源时代的智能化管道系统建设[J].中国石油和化工标准与质量,2018(24):110-111.

[75]陈冲,侯越,焦泉,等.风载作用下悬索桥大跨度油气管道应力分析[J].管道技术与设备,2018(1):45-50.

[76]邓晶,张建军,肖强,等.压缩机管道法兰泄漏的有限元分析[J].压缩机技术,2018(2):9-12.

[77]李艳,吴娜,赵骞,等.弯管端部管道外载荷的平移处理及有限元分析[J].化工装备技术,2018(1):31-34.

[78]张攀,王湘江.基于ANSYS核用管道焊接工装的有限元分析[J].南华大学学报(自然科学版),2018(2):87-91.

[79]ROY S,GRIGORY S,SMITH M,et al. Numerical simulations of full-scale corroded pipe tests with combined loading[J]. Journal of pressure vessel technology,1997,119(4):457-466.

[80]MONDAL B C,DHAR A S. Finite-element evaluation of burst pressure models for corroded pipelines[J]. Journal of pressure vessel technology,2017,139(2):17022-17029.

[81]SU C L,LI X,ZHOU J. Failure pressure analysis of corroded moderate-to-high strength pipelines[J]. China ocean engineering,2016,30(1):69-82.

[82]范晓勇,淡勇,高勇,等.天然气管道局部等效应力及塑性变形评定

[J]. 中国安全生产科学技术,2016(8):135-139.

[83] THE BRITISH STANDARDS INSTITUTION. Guide to methods for assessing the acceptability of flaws in metallic structure: BS 7910-2005[S]. 2nd edition. London: The British Standards Institution,2005.

[84] 王文和,於孝春,沈士明. 含缺陷压力管道安全评定方法研究的现状与发展[J]. 管道技术与设备,2007(2):1-3.

[85] 李思源,张玉福,唐毅,等. 压力管道直管段局部减薄缺陷评定的新公式[J]. 压力容器,2014(8):25-33.

[86] 李思源,李柞成,许燕,等. 评定含局部减薄缺陷圆柱壳的新公式及其应用[J]. 压力容器,2013(2):41-47.

[87] 王予东,肖志刚. 在役含缺陷油气管道的安全评价准则[J]. 油气储运,2013(6):587-589.

[88] 何洁,刘永寿,苟兵旺,等. 含局部减薄缺陷管道的极限载荷分析[J]. 机械科学与技术,2010(4):451-454.

[89] MCCALLUM M, MORA R G, EMMERSON G. Supporting guidelines for reviewing reliability-based assessments of onshore non-sour natural gas transmission pipelines[C]. 9th international pipeline conference 2012, vol. 4: pipelining in northern and offshore environments,2013:469-476.

[90] 杨绿峰,张伟,韩晓凤. 水电站压力钢管整体安全评估方法研究[J]. 水力发电学报,2011,30(5):149-156.

[91] 张伟,张瑾,杨绿峰,等. 考虑应变硬化的水电站压力钢管整体安全评定[J]. 水利水电技术,2012(12):82-85.

[92] 刘敬敏,杨绿峰,张伟. 基于系统可靠度的明钢管整体安全性研究[J]. 水利水运工程学报,2013(6):74-80.

[93] 张伟,杨江琪,李伟. 考虑初始缝隙的埋藏式光面管临界外压经验公式[J]. 人民长江,2016(14):60-63.

[94] 杨江琪. 含局部减薄水电站压力钢管塑性失效机理和极限承载力研究[D]. 南宁:广西大学,2017.

[95] 张小勇. 腐蚀海底管道极限承载力和失效机理研究[D]. 杭州:浙江大

学,2013.

[96]杨光明,郑圣义,夏仕锋.水电站压力钢管安全检测与评估研究[J].水力发电学报,2005(5):65-69.

[97]张宏雁,唐杰,周松.水电厂球阀前压力钢管连接明段的安全评价[J].四川电力技术,2009(3):89-92.

[98]张伟,郭杭冈,刘林林,等.水电站明钢管强度设计的应力分类法研究[J].水利学报,2016,47(10):1237-1244.

[99]徐义波,王效岗,凡明,等.Q345D钢高温力学性能实验研究[J].机械工程与自动化,2009(5):84-86.

[100] ZHU X K, LEIS B N. Theoretical and numerical predictions of burst pressure of pipelines[J]. Journal of pressure vessel technology,2007,129(4):644-652.

[101]中华人民共和国住房和城乡建设部.小型水力发电站设计规范:GB 50071—2014[S].北京:中国计划出版社,2014.

[102]国家能源局.水电站压力钢管设计规范:NB/T 35056—2015[S].北京:中国电力出版社,2016.

[103] BENJAMIN A C, FREIRE J L F, VIEIRA R D, et al. Burst tests on pipeline containing interacting corrosion defects[C]. 24th international conference on offshore mechanics and arctic engineering,2005:315-329.